現代論理学入門

現代論理学入門

——情報から論理へ——

本橋信義 著

岩波書店

カット＝浅村彰二

序

　本書は高校生以上の人達に"論理"が"できる"ようになってもらうことよりも，むしろ，"論理"が"分かる"ようになってもらうことを目標に書かれた読み物である．

　例えば，数学の難しい計算が"できなく"ても，数学がどんな学問であるかを"分かる"ことが可能であるように，論理の複雑な計算(論理計算)が"できなく"ても，論理がどんなものであるかを"分かる"ことがあるはずである．

　そのために，本書には，他の類書にはない特色が沢山あるが，その中でも，"情報"という概念を中心に据えて論理を説明しようとするところが，本書の一番の特色である．(ついでに言うと，"情報"という言葉の説明，"概念"という言葉の説明，そして，"言葉"という言葉の説明も本書には出て来る．)

　水のエネルギーがその高低差により生じ，電気エネルギーが電位差により生じるように，情報も知識のギャップにより生じる．そして，水が高いところから低いところに流れ，電気が電位の差にしたがって流れるように，情報も，知識の差にしたがって流れる．

　電気を保存し，伝達するための道具として電池があるように，情報を保存し，必要な時にそれを用いる(伝達する)ための道具としての，いわば，"情報の電池"が必要である．

　そのような情報の電池として，本書では，"情報システム"と名づけられた新しいシステムを提案する．そして，情報システムを用いた情報の表現，保存，伝達の現場において，その情報システムの上の"論理"や"理論"がどのような役割をするかを説明することで，

"論理"や"理論"を"分かって"もらおうというのが，本書の基本戦略である．

すると，"言語"というのは，"言葉"の"意味"伝達用に作られる特定の情報システムになる．そして，この言語という特定の情報システムの上の論理が，われわれが通常"論理"と呼んでいるものになる．

また，この言語という特定の情報システムを数学的に再構成したものが，"数学的言語"，あるいは"形式的言語"であり，この形式的言語という数学的な情報システムの上の論理や理論が，"形式的論理"や"形式的理論"になるのである．

このようにして，数学という学問の対象となる程度に整備された数学的対象としての"形式的理論"ができあがる．この形式的理論を取り扱う数学の一分野が，"数学基礎論"である．

そこで，情報システムについてのイメージを持って頂くために，典型的な情報システムの例を次に3つ挙げる．

情報システムの最初の例は次のようにして作られる．まず，3枚の1万円札を用意する．次に，これらの1万円札を真ん中から適当に縦に破いて，左と右の部分にそれぞれ分ける．そして，左の半分を集めたものを I_1 とし，右の半分を集めたものを M_1 とし，破かれていない1枚の1万円札と同じ大きさの長方形を D_1 とする．

すると，I_1 の中の左の半片と，M_1 の中の右の半片の間には，"半片同士が長方形 D_1 を作るかどうか？"という関係(マッチングという)が生じる．この関係が1つの情報システムを作る．そして，この関係をよく知っている人達の間で，この関係を利用した情報伝達が可能になる．

例えば，互いに顔を知らない若い男女3人ずつがいて，この6人の男女は3組のカップルを作るように運命づけられているが，誰と

誰がカップルになるかを，本人達は知らない．

そこで，誰と誰がカップルになるかを知っている筆者は，この3人の女性にそれぞれの夫が誰であるかを知らせるために，3人の男性には I_1 の中の半片を，3人の女性には M_1 の中の半片を与えた上で，3人の女性に，

「あなたの持っている半片と組み合わせた時に，D_1 の長方形ができる半片を持っている人があなたの夫ですよ．」

と教える．これによって，筆者から3人の女性へ"それぞれの夫の情報"が伝わったことになる．

これが，いわゆる割符による情報伝達である．この場合，2つに破られた札の片方は，もう片方を識別するための鍵の役割を果たしている．すなわち，(女性が持っている) M_1 の中にある札の右の半片は，(男性が持っている) I_1 の中にある左の半片に載せられた夫に関する情報(半片を持っていることが，その半片に情報を載せたことになる)を運ぶ媒体の働きをしている．

情報システムの第二の例は，漢字の辞書から作られる．まず，漢字の辞書 D_2 を1冊用意する．次に，この辞書に出て来る漢字のヘンの全体を I_2，ツクリの全体を M_2 とする．

すると，I_2 の中のヘンと M_2 の中のツクリの間には，"ヘンとツクリがもともとの辞書の中の漢字を作るかどうか？"という関係が生じる．この関係が1つの情報システムを作る．

情報システムの第三の例は，1冊の本から作られる．まず，1冊の本 D_3 を用意する．次に，この本に出て来る文(平叙文，命題)を主語と述語に分け，主語の全体を I_3，述語の全体を M_3 とする．

例えば，「雪は白い．」という文がこの本に入っていれば，この文の主語「雪」は I_3 に，述語「白い」は M_3 に入る．すると，I_3 の中の主語と M_3 の中の述語の間には，"主語と述語がもともとの本

の中の文を作るかどうか？"という関係が生じる．この関係が１つの情報システムを作る．

この３つの例からお分かり頂けるように，情報システムを作るには，まず，情報のやり取りをする２人の間でよく分かっているモノを用意する必要がある．

例えば，情報システムの最初の例では，"１万円札"，第二の例では，用意した辞書の中の"漢字"，第三の例では，用意した本の中の"文"が，それにあたる．

次に，この互いによく分かるモノを互いによく分かる方法で分解する．

例えば，"１万円札"を半分に破ること，"漢字"をヘンとツクリに分解すること，"文"を主語と述語に分けること，がこの分解にあたる．

すると，分解された破片同士の間には，互いによく分かる関係（マッチング）が生じる．

例えば，"半片同士がもともとの１万円札を作るかどうか？"，"ヘンとツクリがもともとの辞書の中の漢字を作るかどうか？"，"主語と述語がもともとの本の中の文を作るかどうか？"がその関係にあたる．

そこで，その互いによく分かる関係を利用して，情報の送り手には分かっている知識で，受け取り手には分からない知識を保存し，伝達するのである．

例えば，"誰と誰が夫婦になるか？"という，情報の送り手には分かっているが，受け取り手には分からない知識を，両者がよく分かっている"１万円札の半片同士の関係"に載せて保存し，伝達するのである．

以上をまとめると，情報システムを作るには，まず，情報のやり

取りをする2人の間でよく分かっているモノを用意する必要がある.

次に,それらを互いによく分かる方法で分解し,その破片の一方を情報点,もう一方をメッセンジャーと呼び,情報点の全体を情報空間,メッセンジャーの全体をメッセンジャー空間と呼ぶ.

すると,情報点とメッセンジャーの間には,互いによく分かる関係(マッチング)が生じる.この関係が情報を保存し伝達するための入れ物になる.これが情報システムである.

したがって,情報空間 I,メッセンジャー空間 M,および,情報点とメッセンジャーの間の関係(マッチング)を与える辞書 D により情報システム

$$\langle I, M, D \rangle$$

ができあがる.

次に,この情報システムが,情報の電池として機能し,情報システムを用いて情報が保存,伝達されることを納得して頂くためには,情報とは何かをきちんと説明しないといけない.その詳しい説明は本文に委ねるとして,ここでは次の程度の説明で満足して頂きたい.

情報システム $\langle I, M, D \rangle$ の情報空間 I は,あれかこれかと迷っているときの,選択の範囲を表わしている.そして,この情報空間上の情報とは,選択の範囲 I を狭めてくれる知識であり,その知識によって狭められた選択の範囲を,その情報の情報量という.

すると,メッセンジャー p は,その選択の範囲を,p とマッチングする情報点だけに制限してよいという情報を表わしている.すなわち,メッセンジャー p とマッチングする I の中の情報点の全体を

$$I(p)$$

と書くと,メッセンジャー p が運んでくる情報とは

「選択の範囲を I 全体でなくその一部の $I(p)$ に制限してよい.」

と言う情報であり,この情報の情報量は $I(p)$ になる.

したがって，$I(p)$ が I の部分として小さければ小さい程，選択の範囲がより狭められるのであるから，メッセンジャー p はよりよい情報を運んでいることになる．

すると，メッセンジャー p の間には，それらが運ぶことのできる情報量 $I(p)$ による順序がつくことになる．すなわち，2つのメッセンジャー p,q について，メッセンジャー p の情報量 $I(p)$ がメッセンジャー q の情報量 $I(q)$ より集合として小さいとき，メッセンジャー p はメッセンジャー q より多くの情報を運ぶことになる．

この順序が情報システム $\langle I, M, D \rangle$ の上の

"論理"

である．

次に，情報空間の中の情報点 x を1つ指定し，どの情報点が指定されたか，情報の送り手は知っているが，情報の受け取り手は知らない，という状況を考える．そして，情報の受け取り手は，この情報システムを用いて，情報空間 I の中から指定された情報点 x を見つけ出すという選択の状況にたっている．この時，情報点 x を情報量 $I(p)$ の中に含むメッセンジャー p は

「情報点 x は $I(p)$ の中にある．」

という情報を運んでくれているから，このようなメッセンジャー p の全体は，情報点 x に関する情報をその情報システムの中で表現したものと考えられる．それが，その情報システムにおける情報点 x の

"理論"

である．

これらが，情報システムとその上の論理，理論の概説的な説明である．

すると，言語は，"言葉"の"意味"を伝達するために用いられる

情報システムの一種になる．言語という情報システムの正確な定義は本文に委ねることにし，ここでは，現実の"言葉"の"意味"の伝達場面において，言語という情報システムがどのように用いられるかを説明する．

"言葉"とは，2つの要素から構成される合成物である．その1つの要素は，"言葉"の"意味"であり，もう1つの要素は，"言葉"の"名前"である．

例えば，言葉「雪」の意味は，この言葉が表わそうとしているもの，すなわち，概念としての『雪』である．（二重カギ括弧で概念を表わす．）ところが，概念としての『雪』は，人間という情報処理機械がその記憶装置上に格納しているデータ(第2章§3参照)であるから，"私的"なものであり，各個人個人がそれぞれの雪の概念を，それぞれの記憶装置上に持っている．

一方，言葉「雪」の名前は，この言葉を複数の人間という機械同士の間で表示するために用いる"記号"雪である．（二重アンダーラインで記号を表わす．）したがって，記号雪は"公的"なものであり，複数の人間という機械の間で共通に利用可能なものである．

この例から明らかなように，"言葉"の"意味"は"私的"，"個人的"な"概念"であるのに対して，その"名前"は"公的"，"公共的"な"記号"であり，言葉はこのような二面性を持つ．

次に，言語という情報システムを用いて言葉「雪」に関する情報伝達を行なってみよう(第3章§7参照)．

言葉「雪」に関する情報伝達を問題にする以上，言葉「雪」に関する知識のギャップが，情報の送り手と受け取り手との間に存在しなければならない．そのギャップとは次のようなものである．

まず，情報の送り手は，言葉「雪」が概念『雪』と記号雪の合成物であることを知っている．したがって，彼は，記号雪を見ると，

概念『雪』が頭の中に浮かぶ．ところが，情報の受け取り手は言葉「雪」が概念『雪』と記号雪の合成物であることを知らない．したがって，彼は，記号雪を見ても，概念『雪』が頭の中に浮かばない．

これが，情報の送り手と受け取り手との間に存在する，言葉「雪」の意味に関する知識のギャップである．

ただし，このことは，情報の受け取り手が概念『雪』や，記号雪を知らないということではない．彼は，概念『雪』も記号雪も知っているのだが，この両者が結びついてできる言葉「雪」を知らないのである．（例えば，情報の受け取り手が外人である場合，このようなことが起こり得る．）

したがって，言葉「雪」の意味を知らない受け取り手は，2つの言葉「雪」と「白い」から構成される命題

「雪は白い．」

を，意味の分からない記号雪と，言葉「白い」の組み合せ（"概念式"と呼ぶ）

「雪は白い．」

として眺める．（外国語の試験で，意味の分からない単語が出てきたときのことを思い出してください．）

しかし，言葉「雪」の意味である概念『雪』を，送り手も受け取り手も知っているから，概念『雪』が「白い」という性質を持つという事実を両者は知っている．

そこで，両者が共通に知っているこの事実を，概念『雪』と，変数 x の述語

「x は白い．」

に分解することにより情報システム

$$\langle I, M, D \rangle$$

を作る．すると，この情報システムの情報空間 I の中には，『雪』

という概念が入り（もちろん，そのほかの概念も入っている），メッセンジャー空間 M の中には

「x は白い.」,「x は赤い.」,「x は冷たい.」

等の述語が入る．

すると，この情報システムを用いた情報伝達が次のように行なわれる．

すなわち，情報の送り手は，概念『雪』に関して成り立つ M の中の述語をいくつか旨く選んで情報の受け取り手に提示する．

情報の受け取り手は，I を情報空間とする選択の場面にたっており，提示された述語を眺めてそれらの情報量を計算し，選択の範囲を徐々に狭めていき，最終的に概念『雪』に到達できれば，この情報伝達は成功したことになる．

このように，言葉の意味を伝達するために作られた情報システムが

"言語"

と呼ばれる情報システムである．

この説明でお分かりのように，言語という情報システムは，概念という私的なものを情報点に，述語という公的な要素を持つものをメッセンジャーとする情報システムである．

しかし，上の例で示した述語は，完全に公的なものとはいえない．というのは，「x は白い.」という述語の中には，「白い」という言葉が入り，この言葉は『白い』という私的な概念と，白いという公的な記号から構成されている．したがって，概念『白い』の私的な性格が述語「x は白い.」の中に入ってしまう．そこで，この私的な部分をも変数 y で置き換えると，2つの変数 x と y の述語

「x は y.」

という，完全に公的なものができる．これは，命題

「雪は白い．」

から，その中の概念という私的なものを全部取り去り，命題の構造だけを残したものである．このような述語を完全述語と呼ぶことにすると，概念という私的なものを情報点に，完全述語という公的なものをメッセンジャーとして持つ言語が考えられる．

このような言語では，命題の意味と形式が完全に分離され，私的で，客観性を持たない"意味"はすべて情報点に押し込められた結果，メッセンジャーは完全な客観性を持つ形式的な対象になる．

この形式的なメッセンジャーの間の情報量による順序としての"論理"を，"意味"という私的なモノと完全に分離させて研究しようとしているのが，

"形式論理学"

の立場である．

この"形式論理学"の長所は，"意味"という主観的で，あやしげなものに影響されないことであり，アリストテレス以来，形式論理学がめざした"論理学"は，このような，"意味"とは独立に存在し得る"論理学"であった．

しかし，このような"論理学"が数学的手法を取り入れることにより"数理論理学"として確立されると，論理学とは命題の間の形式的な関係を，論理的な言葉（「でない」，「そして」，「または」といった，命題と命題を結びつけると，通常思われている言葉）の用い方を手がかりに研究する学問であるという"誤解"が生じ，その形式的な関係を整理するために導入された"公理"と"推論法則"と呼ばれるもの（第4章§6参照）の研究が"論理学"になってしまった．

その結果，"理論"と"論理"の区別が不鮮明になり（実際，意味を考えず，形式的な記号の体系として眺める限り，形式的理論と形式的論理の区別は本質的にはない），クルト・ゲーデルの名前がつ

いた2つの有名な定理(第1章§8, 第3章§10, 第4章§6,§7参照)

　　　"ゲーデルの完全性定理"と"ゲーデルの不完全性定理"
もきちんとは理解されなくなってしまった.

　そこで, 本書では"意味"を"情報"と絡ませて"論理学"の中心に据える. すると, "論理学"の中に, "意味"のもつ主観的性格が入り込むために, 客観性を持たない"論理学"ができてしまう.

　そこで, この欠点をできるだけ補うために, 本書では, 客観的な論理学と主観的な論理学を分離して取り扱う.

　まず, 第1章では"情報システム"と呼ばれる数学的にきちんとした対象を導入して, "情報システムの上の論理学"という客観的な論理学を説明する.

　次に, 第2章で, 人間を適当な入出力装置と記憶装置を持った情報処理機械とみなし, その人間という機械の内部の記憶装置上に"内部言語"と呼ばれる情報システムを作り出す. そして, 第3章で, その内部言語に

　　　　　　　　　　"言語化"

と呼ばれる操作を施し, "言葉"の意味伝達用の情報システムを作る(第3章§4参照).

　これが, "言語"である. すると, "言語"は, 客観性と主観性を併せ持った情報システムになる. この客観性と主観性の両面を用いることにより, 異なる個人の間で, 言葉の意味に関する情報伝達が可能になるのである.

　したがって, "言語"は半ば主観的な情報システムであり, その上の論理学も半ば主観的な論理学になる.

　第4章で, この半ば主観的な"言語"という情報システムを数学的に再構成することにより, 再び客観的な論理学を作り出す.

そして，本書の目的から判断して，本文中に入れるのは不適当と思われる定理の証明などは付録として第4章の後にまわした．

また，第1章，第3章，第4章の後半に，

"理論"と"論理"の区別，
"ゲーデルの完全性定理"，
"ゲーデルの不完全性定理"

のそれぞれの立場による説明が与えられている．

読者がこれらの説明を読まれて，"理論"と"論理"の違いを了解され，さらに"ゲーデルの完全性定理"が"論理の完全性"に関する定理であるのに対して，"ゲーデルの不完全性定理"が"理論の完全性"に関する定理であることを了解されれば，この本による，筆者から読者への情報伝達は成功したことになる．

なお，本書出版にまつわる個人的な事情に関しては「あとがき」でふれることにする．

目　　次

序

第1章　情報システムとその上の論理

§1　情報とは何か ……………………………………… 1
§2　情報の強弱 ………………………………………… 7
§3　情報システム ……………………………………… 11
§4　情報伝達のメカニズム …………………………… 23
§5　情報システムの表現能力と理論 ………………… 34
§6　情報システムの上の論理 ………………………… 49
§7　否定の導入による符号の消去 …………………… 53
§8　論理の完全性と理論の完全性 …………………… 64
§9　論理的な操作と論理の理論による特徴づけ ……… 74

第2章　心の働きと情報システム

§1　"見る"ことと"思う"こと ………………………… 84
§2　生の辞書データから作られる内部言語 ………… 87
§3　内部言語上の理論としての概念 ………………… 93
§4　辞書データの分解と内部言語 …………………… 98
§5　概念地図 ……………………………………………108

第3章　意味伝達用情報システムとしての言語

§1　何を用いて外部記憶装置を作るか ………………113

§2　言葉とは何か………………………………………114
§3　内部言語の言葉化と記号化………………………119
§4　意味伝達用情報システム…………………………128
§5　変数の縮約と原始述語言語………………………136
§6　論理的な言葉の導入と述語言語…………………143
§7　言語による情報伝達………………………………151
§8　命題の運ぶ情報……………………………………159
§9　論理と理論の違い…………………………………166
§10　論理の完全性と理論の完全性……………………170

第4章　形式的言語と形式的論理

§1　述語の表現と形式的文法…………………………179
§2　構成に関する数学的帰納法………………………190
§3　意味構造の表現としての数学的構造……………193
§4　辞書の数学的構成…………………………………203
§5　古典論理と論理法則………………………………220
§6　推論法則系と形式的論理の完全性………………228
§7　形式的理論と完全性………………………………237
§8　数学基礎論の世界…………………………………242

付録1　条件文の真偽と空集合の情報量……………244
付録2　理論の特徴づけ定理と相対情報システム……250
付録3　完全な理論の特徴づけ定理…………………259

あとがき…………………………………………………263
索　引……………………………………………………267

第1章

情報システムとその上の論理

　この章では，割符による情報伝達を見本にして，情報とはなにか，それはどのように表現され，保存されるかを検討し，情報伝達のための1つのシステムを提案する．

　そして，情報伝達の場面で，そのシステムがどのように用いられるかを，情報システムの上の論理や理論と関連させながら説明する．

§1　情報とは何か

　情報とは一種の知識であるが，単なる知識ではない．個々の人によって意識され，関心をもたれている知識のあり方が情報である．

　したがって，何が情報になるかは人によって異なるし，同じ人でも，その人の状況や環境によって異なる．

　例えば，ある事柄に関して完全な知識を持っている人間にとって，その事柄に関する知識は情報ではない．また，その事柄になんの関心もない人にとってもその知識は情報ではない．

　しかし，その事柄に興味がありながら，不完全な知識しかなく，より完全な知識を必要とする状況において，初めてその事柄に関する知識が情報となる．

　そのような状況，すなわち，不完全な知識しかなく，より完全な知識を必要とする状況の最も典型的なものが選択の場面である．

入学試験，就職試験といった深刻な場面においてだけではなく，

  夕食のおかずをどうするか，

  どこに買物に行くか，

  テレビのクイズの正解は何か，

といった日常的な場面においてもさまざまな選択をわれわれはしなければならない．

 ここでは，そのような選択の例として，1 から 10 までの番号の書かれている箱があって，それぞれの箱の中にはそれぞれ異なるものが 1 つずつ入れられているが，箱の蓋がしまっているために中が見えないという状況を考える．そして，この 10 個の箱から 1 つの箱を選んで自分の目的にあったものを捜すという選択の場面を設定する．

 この場合，箱の中味が見えるようになっていたら，箱の中味に関する完全な知識が得られている状況であり，選択の余地はない．問題なのは，箱の中味が見えない，という不完全な知識しかないという状況が大事なのである．

 したがって，この場合は 1 から 10 までの番号の集まり

$$\{1, 2, 3, 4, 5, 6, 7, 8, 9, 10\}$$

が選択の範囲である．このとき，

  「ダイヤモンドが入っているのは偶数の箱である．」

は，この選択の場面における情報の例であり，もし，ダイヤモンドが 4 番の箱に入っていれば，この情報は

    "正しい情報"

であり，もし，ダイヤモンドが 5 番の箱に入っていれば，この情報は

    "間違った情報"

である．

§1 情報とは何か

同様に
　　　「毛はえ薬が入っているのは2番の箱である.」
　　　「100万円が入っているのは5番か6番の箱である.」
等は,正しいか,間違いであるかが決まっている情報,すなわち,
　　　　　　　　"真偽の定まった情報"
である.

われわれがここで取り扱おうとしている情報は,このような真偽の定まった情報ではない.真偽の定まった情報は,ある意味で完全な知識である.この完全な知識を分解して,いわば不完全な情報を作りたい.その作り方を説明するために,真偽の定まった情報
　　　「ダイヤモンドは偶数番号の箱に入っている.」
を考えよう.この情報は,
　　　　　　　　「ダイヤモンド」
と
　　　　　　　「偶数番号の箱に入っている.」
とに分解される.

したがって,この情報は「ダイヤモンド」に関する情報である.

このように,一般に,真偽の定まった情報とは,"何か"に関する情報である.この"何か"をその情報の
　　　　　　　　　"主題"
と呼ぶことにすると,真偽の定まった情報とは,主題(何を主題とするかは,場合により異なる)の決まった情報である.

この主題の決まった情報から,その主題をとると,主題についての情報を運ぶ入れ物が残る.

例えば,ダイヤモンドという主題に関する情報
　　　「ダイヤモンドは偶数番号の箱に入っている.」
から,その主題「ダイヤモンド」を取り去ると,入れ物

「偶数番号の箱に入っている.」

ができる.

この入れ物には,もはや,真偽はなく,ただ,選択の範囲
$$\{1, 2, 3, 4, 5, 6, 7, 8, 9, 10\}$$
に対して,その一部
$$\{2, 4, 6, 8, 10\}$$
を指定する働きだけがある.

このような入れ物,すなわち真偽の定まった情報からその主題を取り除くことにより得られる,選択の一部を指定する入れ物を,この本では

"情報"

と呼びたいのである.

この意味での情報は,いわば主題抜きの,したがって真偽なしの中立的な情報である.

この中立的な情報に主題を入れることにより真偽の定まった主題つきの情報が得られるのである.

なお,すこし,先走りして説明すると,論理は中立的な情報に関連するものであり,理論は主題つきの情報に関するものであることが分かる.

以上の考察から,われわれは情報を次のように定義する.

今,1つの選択の場面を考えた時,そこでの選択の1つ1つを点と考えて,その点の1つ1つを

"情報点"

と呼び,情報点の全体,すなわち,その場面における選択の全体を

"情報空間"

と呼ぶ.

例えば,生きるべきか死ぬべきか,と迷ったハムレットにとって

生という選択と死という選択から構成される集合
$$\{生, 死\}$$
が情報空間になるし，上の箱の場面では，1 から 10 までの番号のついた箱，あるいはもっと抽象的に，1 から 10 までの数字そのものからなる集合
$$\{1, 2, 3, 4, 5, 6, 7, 8, 9, 10\}$$
が情報空間である．

可能な選択の全体としての情報空間 I が 1 つ定められれば，次に，可能な選択全体の集まりとしての情報空間 I の一部を指定する知識を
$$"情報空間\ I\ 上の情報"$$
と呼び，その情報によって指定された情報空間の部分をその情報の持っている
$$"情報量"$$
という．

例えば，上の箱の例では，情報空間 I は
$$I = \{1, 2, 3, 4, 5, 6, 7, 8, 9, 10\}$$
となり，
「偶数番号の箱に入っている．」
という不完全な知識は，この情報空間上の情報であり，その情報量は 2 から 10 までの偶数の全体
$$\{2, 4, 6, 8, 10\}$$
になる．

一方，情報空間 I 上の情報 p に，主題を入れると，真偽つきの情報が得られる．

例えば，上の箱の例で，情報
「偶数番号の箱に入っている．」

に主題

「ダイヤモンド」

を入れると真偽の定まった情報

「ダイヤモンドは偶数番号の箱に入っている.」

が得られることになる.

したがって，その真偽の定まった情報を(真偽をも込みにして)得た結果，捜しているものの選択の幅は情報空間の一部に，一般には，制限されるはずである.

例えば，上の箱の例では，ダイヤモンドを欲しいと思っている人にとって

「ダイヤモンドは偶数番号の箱に入っている.」

が正しい情報であることが分かれば，選択すべき範囲は情報空間

$$\{1, 2, 3, 4, 5, 6, 7, 8, 9, 10\}$$

から，その一部

$$\{2, 4, 6, 8, 10\}$$

に狭めて良いことになるし，この主題つき情報が間違った情報であることが分かれば，選択すべき範囲は情報空間

$$\{1, 2, 3, 4, 5, 6, 7, 8, 9, 10\}$$

から，その一部

$$\{1, 3, 5, 7, 9\}$$

に狭めてよいことになる.

この場合，この狭められた範囲が，情報

「偶数番号の箱に入っている.」

の情報量であるか，あるいはその情報量をもとの情報空間から除いたものであることに注意していただきたい.

したがって，情報空間 I 上の情報 p に，主題 m を入れた結果，もし正しい情報が得られたとすれば，その主題を選択すべき範囲は

情報 p の情報量という，元々の情報空間より(一般には)狭い範囲に限定されたことになるし，もし間違った情報が得られたとすれば，その主題を選択すべき範囲から情報 p の情報量に入る部分を削ってよいことになる．

なお，具体的な場面において何を情報空間としてとるか，またその情報空間の中の何に興味を持つか(すなわち，何を主題にするか)は，その情報を表現しようとしている人の興味の持ち方，すなわち，視点によって異なる．そして，人生の岐路といった現実の場面においては，視点をかえること，すなわち，情報空間をかえることや，主題をかえることによって問題が解決されることがある．

例えば，上の箱の場合，ダイヤモンドを得ることに必死になって悪戦苦闘している状況を解決するのに，ダイヤモンドに対する興味をすてることはその解決の1つの方法である．この場合，変化したのは情報空間でなく，その情報空間に対する興味の持ち方が変わったのである．

§2 情報の強弱

1つの情報空間 I を固定し，その上の情報の強弱，すなわち，情報の順序を考えよう．

例として，先ほどの箱をとり，I 上の2つの情報として

「偶数番号の箱に入っている．」

と

「2番か4番の箱に入っている．」

をとると，前者の情報量は

$$\{2, 4, 6, 8, 10\}$$

であり，後者の情報量は

$$\{2, 4\}$$

である.

　したがって，後者の情報の方が選択の幅をより制限しているという意味でよりよい情報である.

　しかし，こう結論するためには，ダイヤモンドという主題をこれらの情報に入れて得られる2つの真偽つき情報

　　　　「ダイヤモンドは偶数番号の箱に入っている.」

　　　　「ダイヤモンドは2番か4番の箱に入っている.」

がともに正しい情報であるという仮定が必要である.

　もし，この2つの真偽つき情報が偽情報ならば，前者は，

　「ダイヤモンドを捜すなら偶数番号の箱は無視してよい.」

という情報になるし，後者は

　　　　　「2番と4番の箱は無視してよい.」

という情報になり，結局，ダイヤモンドの箱に関する選択の範囲を狭めているのは後者ではなく前者の方になる.

　すなわち，与えられた情報を肯定的な情報と考えるか，否定的な情報と考えるかで，情報の良さは逆転する.

　しかし，この§では，肯定的否定的の区別をしないで情報量を考え，その区別をつけた情報量の取り扱いは§4で行なうことにする.

　情報空間 I 上の2つの情報 p と q について，情報 p の持っている情報量 $I(p)$ が，情報 q の持っている情報量 $I(q)$ の部分になるとき，

　　　　「情報 p の情報量は情報 q の情報量以上である.」

という(次図参照).

　なお，情報空間 I の2つの部分(集合) X, Y について，X の中に入る情報点がすべて Y に入るとき，集合 X は集合 Y の部分集合であると言い，

$$X \subseteq Y$$

§2 情報の強弱

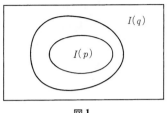

図1

と書く.

すると,

「情報 p の情報量は情報 q の情報量以上である.」

は

$$I(p) \subseteq I(q)$$

と表わせる.

また, X が Y の部分集合になり, 同時に Y も X の部分集合になることと, 2つの集合 X, Y が同じ集合になることとは, X, Y の条件として同じことになる. (もっと正確に言うと, 集合 X, Y をどのように取り出そうとも, X と Y の間に "$X = Y$" という関係が成り立つことと, "$X \subseteq Y$ かつ $Y \subseteq X$" という関係が成り立つことが常に同じになる, ということである.)

このことを,

$$X = Y \Leftrightarrow X \subseteq Y \text{ かつ } Y \subseteq X$$

と書く.

また, 同じ情報量をもつ情報は, 情報としては同じものとみなされるので, そのような情報は

"等値な情報"

と呼ばれる.

すなわち, 情報空間 I 上の2つの情報 p と q について,

$$I(p) = I(q)$$

が成り立つ時，2つの情報 p, q は等値な情報であるというのである．すると，

「2つの情報 p, q が等値である．」

ことと

「情報 p の情報量は情報 q の情報量以上で，かつ
情報 q の情報量は情報 p の情報量以上である．」

こととは，p, q の条件として同じものである．（もっと正確に言うと，情報 p, q をどのように取り出そうとも，p と q の間に"p, q が等値である"という関係が成り立つことと，"情報 p の情報量は情報 q の情報量以上で，かつ情報 q の情報量は情報 p の情報量以上である"という関係が成り立つことが常に同じになる，ということである．）

このことを，

p, q が等値である ⇔ p の情報量は q の情報量以上で，かつ q の情報量は p の情報量以上である

と書く．

すると，情報量の最も多い情報とは，その情報量が情報空間 I の中味のない部分，すなわち，空集合になるような情報である．このような情報を

"矛盾した情報"

という．

逆に，最も情報量の少ない情報とは，その情報量が情報空間 I の全体，すなわち，I になる情報である．このような情報を

"論理的な情報"

という．

すると，すべての情報は，論理的な情報と矛盾した情報の間に位

置することになる.

このようにして，同じ情報空間上の情報の間には，上の意味での情報の強弱による順序が入る．この情報の間の順序は，情報量という情報空間の部分集合の間の，集合としての順序を反映させたものである．したがって，情報の間のいろいろな関係を調べるには，その情報量の間の集合論的な関係を調べれば，かなりのことが分かるはずである．

しかし，情報の間の関係を，その情報量という集合(情報空間の部分集合)の間の関係を用いて調べるにしても，情報の定義が，

「選択の場面において，その選択の幅を狭めてくれる知識」

という，分かったような，分からないような定義では，何とも実体感がなく，取り扱いにくい．

そこで，情報を具体的に表現するシステムの説明を次に行ない，そのような具体的なシステムを通して情報を考えることにする．

§3 情報システム

序文で説明したように，情報の入れ物としての情報システムを作るには，情報の送り手と受け取り手との間でよく分かっているものを，互いによく分かる方法で分解する必要がある．

そこで，互いによく分かるものとしていくつかの漢字を取り，その漢字という互いによく分かるものを分解する方法として，それらの漢字をヘンとツクリに分解するという手段を採用する．

すなわち，漢字(本物の漢字である必要はない)の辞書を3冊用意し，その3冊の辞書から，その中に書かれている漢字をヘンとツクリに分解することにより得られる3つの情報システムの説明をする．

まず，漢字辞書1としては，次の表で与えられるヘンとツクリの組み合せを取る．

すなわち

漢字辞書1

	木	十	舌	寸	合
言	○	○	○	×	○
木			○		
口		×			×
糸	×		○	×	×

　この表は，縦横に並んだます目からできており，一番左のます目の列(縦の列)に書かれているのは，

　　　　　「言」,「木」,「口」,「糸」

という4個のヘンであり，一番上のます目の行(横の列)に書かれているのは，

　　　　　「木」,「十」,「舌」,「寸」,「合」

という5個のツクリである．そして，各ヘン x の行と，各ツクリ p の列とが交わってできるます目を

$$[x, p]$$

で表わす．

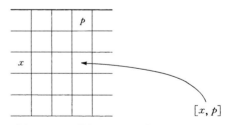

　例えば，ヘン「口」の行とツクリ「十」の列が交わってできるます目は，上の表で，上から4番目，左から3番目のます目であり，そのます目には記号×が書かれている．

§3 情報システム

ます目 $[x, p]$ に記号○が書かれているとき，ヘン x とツクリ p で作られる漢字はこの漢字辞書 1 で認められる漢字になり，記号×が書かれているとき，ヘン x とツクリ p で作られる漢字はこの漢字辞書 1 で認められない漢字になる．そして，何も書いてないときは，正しい漢字ができるかどうか情報不足で判定不能ということを表わしている．

したがって，この辞書においては，ヘン「言」とツクリ「舌」からできる漢字「話」は正しい漢字とみなされるが，ヘン「言」とツクリ「寸」からできる漢字「討」は間違った漢字とみなされる．

そこで，漢字辞書 1 の中の漢字のヘンの全体を $I(漢字)$，ツクリの全体を $M(漢字)$ とすると

$$I(漢字) \text{ は } \{言, 木, 口, 糸\}$$
$$M(漢字) \text{ は } \{木, 十, 舌, 寸, 合\}$$

となる．

そして，この $I(漢字)$，$M(漢字)$ と漢字辞書 1 の対

$$\langle I(漢字), M(漢字), 漢字辞書 1 \rangle$$

を漢字システム 1 と呼ぶ．

次に，$I(漢字)$ の中のヘン x と $M(漢字)$ の中のツクリ p について，ます目 $[x, p]$ に○が書かれているとき

「漢字システム 1 において x は p の"実例"である．」

といい，p の実例となるヘン x の全体を

"p の肯定的情報量"

という．

同様に，ます目 $[x, p]$ に×が書かれているとき

「漢字システム 1 において x は p の"反例"である．」

といい，p の反例となるヘン x の全体を

"p の否定的情報量"

という.

すると，$M(漢字)$ の中の各ツクリ p は $I(漢字)$ を情報空間とする肯定的な情報と否定的な情報の2種類の情報を表現することになる.

なお，p の実例とも反例ともつかない情報点は，将来実例にも反例にもなり得る可能性があるので，これらの情報点に関する情報伝達を行なうときには，このことを十分注意しなければならない.

例えば，ツクリ「木」のこのシステムにおける肯定的情報量は

$$\{言\}$$

否定的情報量は

$$\{糸\}$$

となる.

したがって，$M(漢字)$ の元は，情報空間 $I(漢字)$ 上の情報(肯定的な情報と否定的な情報)を運ぶメッセンジャーの役割を果たす.

そこで，$M(漢字)$ の各元を(漢字システム1における)

"メッセンジャー"

と呼び，$M(漢字)$ を

"メッセンジャー空間"

と呼ぶ.

このようにして，漢字辞書1を辞書とし，$I(漢字)$ を情報空間，$M(漢字)$ をメッセンジャー空間とする漢字システム1ができあがり，このシステムを用いて，情報空間 $I(漢字)$ 上のある種の情報がメッセンジャー空間 $M(漢字)$ の中のメッセンジャーによって表現されることになる.

次に，漢字辞書として漢字辞書2(次頁)を取り，漢字システム1の中の漢字辞書1を漢字辞書2で置き換えて得られるシステム

$$\langle I(漢字), M(漢字), 漢字辞書2 \rangle$$

§3 情報システム

漢字辞書2

	木	十	舌	寸	合
言	○	○	○	×	○
木	○		○	×	
口		×	○		×
糸	×		○	×	×

を漢字システム2と呼ぶ.

すると, この漢字システム2においては, ツクリ「木」の肯定的情報量は

$$\{言, 木\}$$

と増加し, 否定的情報量は

$$\{糸\}$$

と, もとのままである.

さらに, 漢字辞書2を次の漢字辞書3

漢字辞書3

	木	十	舌	寸	合
言	○	○	○	×	○
木	○	×	○	×	×
口	×	×	○	×	×
糸	×	○	○	×	×

で置き換えると, 第3のシステム

$$\langle I(漢字), M(漢字), 漢字辞書3 \rangle$$

が得られる. このシステムを漢字システム3と呼ぶ.

すると, この漢字システム3においては, ツクリ「木」の肯定的情報量は

$$\{言, 木\}$$

となり，否定的情報量は

$$\{口, 糸\}$$

と増加する．

これらの例を手本にして，一般の情報空間 I 上の情報を伝達するシステムを，次のように作る．

まず，情報空間と呼ばれる集まり I と，

"メッセンジャー空間"

と呼ばれる集まり M を用意する．情報空間の元を情報点，メッセンジャー空間の元を

"メッセンジャー"

という．

次に，漢字辞書 1, 2, 3 のように，縦横にしきられたます目の左の端の列に情報空間の情報点を全部，上の端の行にメッセンジャー空間のメッセンジャーを全部並べた図を作り，それぞれのます目に○を 1 つだけ書くか，× を 1 つだけ書くか，あるいは何も書かないかを決める．そうやってます目を埋めてできる図 D を，情報空間 I とメッセンジャー空間 M の間の

"辞書"

(正確にはマッチング用辞書) と呼ぶ (下図参照).

		p		q	
x					
y					

§3 情報システム

そして，この情報空間 I，メッセンジャー空間 M，辞書 D の対
$$S = \langle I, M, D \rangle$$
を，情報空間 I，メッセンジャー空間 M，辞書 D で構成される
"情報システム"
と呼ぶ．

次に，この情報システム S において，各メッセンジャーが運ぶ情報を定めるために，辞書 D において，メッセンジャー p が一番上に書かれている列と，情報点 x が一番左に書かれている行が交わってできるます目 $[x,p]$ に○が書かれているとき

「メッセンジャー p と情報点 x は辞書 D により<u>マッチング</u>する．」

といい，この時，この情報システム S において

「情報点 x はメッセンジャー p の "実例" である．」

という．

		p	
x		○	

「x は p の実例．」

また，そのます目に×が書かれているとき

「メッセンジャー p と情報点 x は辞書 D により<u>矛盾する</u>．」

といい，このとき，この情報システム S において

「情報点 x はメッセンジャー p の "反例" である．」

という．

いま，メッセンジャー p の実例となる情報点の全体を，この情報システム S における p の持つ "肯定的情報量" といい

18   第1章　情報システムとその上の論理

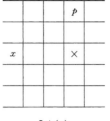

「x は p の反例.」

$$I_S^+(p)$$

で表わす.

また，p の反例となる情報点の全体をこの情報システム S における p の持つ "否定的情報量" といい

$$I_S^-(p)$$

で表わす.

すると，$I_S^+(p)$ と $I_S^-(p)$ の両方に同時に入る情報点は存在しない．（そのような情報点が存在したとすると，辞書の同じます目に ○ と × が同時に書かれていることになる.）

そこで，情報空間 I の2つの部分集合 X, Y について，X と Y の両方に同時に入っている情報点の全体からできる I の部分集合を，X と Y の

"共通集合"

といい，$X \cap Y$ と書くことにし（下図参照），

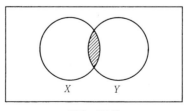

図2　$X \cap Y$

§3 情報システム

中味のない集合を

"空集合"

といい,空集合を ϕ で表わすことにすると,上の事実は

「$I_S^+(p)$ と $I_S^-(p)$ の共通集合は空集合である.」

と書ける.

これは,さらに

$$I_S^+(p) \cap I_S^-(p) = \phi$$

とも表わせる.

一方,$I_S^+(p)$ と $I_S^-(p)$ のどちらにも入らない情報点があり得る.そのような情報点は p の実例にも反例にもならない情報点である.

そのような情報点が存在するのは,辞書という図の中のます目の中に○も×も書かれていないます目があるからである.そこで,与えられた情報システムについてこのようなことが起こらない場合,すなわち,その情報システムのどんなメッセンジャーと情報点をとっても,それらがマッチングするか,矛盾するかが必ず決まっている場合(言い替えると,辞書 D のすべてのます目が○か×で満たされているとき),

「情報システムは"完全"である.」

ということにする.

例えば,漢字システム 1, 2 は完全でない(不完全な)情報システムであるが,漢字システム 3 は完全な情報システムである.

すると,完全な情報システムにおいては,メッセンジャー p をどのように選ぼうと,すべての情報点が $I_S^+(p)$ か $I_S^-(p)$ の一方だけに必ず入る.

そこで,情報空間 I の 2 つの部分集合 X, Y について,X と Y の少なくとも一方に入っている情報点の全体からできる I の部分集合を,X と Y の

"合併集合"

といい,$X \cup Y$ と書くことにすると(下図参照),

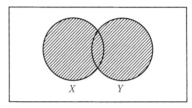

図3　$X \cup Y$

「$I_S^+(p)$ と $I_S^-(p)$ の合併集合は I 全体である.」

すなわち

$$I_S^+(p) \cup I_S^-(p) = I$$

が成り立つ.

これは,$I_S^-(p)$ が I から $I_S^+(p)$ に入っている情報点を全部除いてできる情報点の集合になっていることを示している.

そこで,情報空間 I の2つの部分集合 X, Y について,X の中の情報点で Y の中には入らない情報点の全体からできる I の部分集合を,X と Y の

"差集合"

といい,$X-Y$ と書く(下図参照).

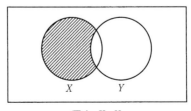

図4　$X-Y$

特に，I 全体と X との差集合を，集合 X の
"補集合"
といい，X^c と書くことにすると（下図参照），

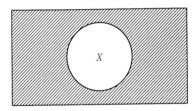

図5 X^c

上の事実は

「$I_S^+(p)$ は $I_S^-(p)$ の補集合である．」

あるいは，同じことであるが

「$I_S^-(p)$ は $I_S^+(p)$ の補集合である．」

と書ける．

したがって，完全な情報システム S においては，$I_S^+(p)$ が分かれば，$I_S^-(p)$ も分かることになる．

以上をまとめると，情報システムは情報空間，メッセンジャー空間と辞書で構成されており，情報空間の中の各点と，メッセンジャー空間の中の各メッセンジャーの間には，辞書にしたがったマッチングが定まっていて，各メッセンジャーが運ぶ肯定的情報量はそのメッセンジャーの実例となる情報空間の元の全体であり，各メッセンジャーが運ぶ否定的情報量はそのメッセンジャーの反例となる情報空間の元の全体である．

なお，共通集合や合併集合は，2つの集合の間だけではなく，3つ，4つ，あるいは無限に多くの集合の間でも同様に考えることができる．そこで，いくつかの集合

$$X_1, X_2, X_3, \cdots$$

が与えられたとき，これら全体の共通集合（すなわち，これらの集合の全部に入っている元の全体が作る集合）を

$$X_1 \cap X_2 \cap X_3 \cap \cdots$$

で表わし，これら全体の合併集合（すなわち，これらの集合の少なくとも1つに入っている元の全体が作る集合）を

$$X_1 \cup X_2 \cup X_3 \cup \cdots$$

で表わす．

　情報空間 I，メッセンジャー空間 M を共有する2つの情報システム

$$S_1 = \langle I, M, D_1 \rangle \quad と \quad S_2 = \langle I, M, D_2 \rangle$$

について，辞書 D_1 の中のどのます目においても，そこに○か×が書かれているときは，辞書 D_2 にも同じ記号が必ず書かれているとき，

　　　　「辞書 D_2 は辞書 D_1 より詳しい.」

といい，辞書 D_2 が辞書 D_1 より詳しいとき，

　　　「情報システム S_2 は情報システム S_1 の拡張である.」

という．

　すると，情報システム S_2 が情報システム S_1 の拡張になっているとき，メッセンジャー p の運ぶ情報システム S_1 における情報量（肯定的，否定的を問わず）と情報システム S_2 における情報量とでは，明らかに後者の方が沢山の情報量をもっている．したがって，このとき，情報システム S_2 の方が情報システム S_1 より情報の表現能力が高くなる．

　漢字システム 1, 2, 3 において，これらの情報空間，メッセンジャー空間は共通であり，辞書は，1, 2, 3 の順に詳しくなっているから，情報システムとしては，この順に表現能力が高くなる．そして，漢

字システム3は完全な情報システムであるので，ここではもはや，情報を肯定的と否定的に分ける必要はなくなる．

なお，上の定義で明らかなように，辞書Dを定めれば，その辞書を持つ情報システムは決まる．そこで，辞書という表自身で，その辞書で定まる情報システムを表わすこともある．

§4 情報伝達のメカニズム

上で説明した情報システムが，具体的な場面で，情報の表現，保存，伝達にどのように用いられるかを説明しよう．

ここで考える情報伝達の場面は以下の3種類である．

1) <u>相手がいる場合</u>　すなわち，情報の送り手が眼の前にいて，情報の受け取り手は送り手にいろいろ質問し，返事をもらえる場合の情報伝達．

2) <u>本物がある場合</u>　すなわち，情報の主題が眼の前にあり，それに対して実験等の手段によりデータを直接得ることができる場合の情報伝達．

3) <u>データだけがある場合</u>　すなわち，情報の送り手はいないし，主題もないが，代わりに主題に関するデータが利用可能な場合の情報伝達．

これらのどの場合についても，情報の受け取り手は，選択の場面に立っており，その選択の場面における可能な選択の範囲を情報空間とする情報システムを利用して，選択の範囲をできるだけ縮めてゆき，最終的に正しい選択ができれば，情報伝達は成功したことになる．

そこで，上の3種類の情報伝達をそれぞれ説明する．

1) <u>相手がいる場合</u>　ここでは，情報の送り手と受け取り手とがきちんと存在して，受け取り手が送り手に質問できる場合で，しか

も，送り手は誠実な人物で嘘はつかない（原則的には）という状況での情報伝達を取り扱う．

まず，漢字システム 1, 2, 3 による情報伝達の具体的な例をあげてこの場合の情報伝達の機構を説明し，それらの例を参考にしながら，一般的な場合の説明を行なう．

これらの漢字システムを用いて情報のやり取りを行なう 2 人の人を用意し，この 2 人がともにこの情報システムを知っているものとする．すなわち，2 人ともこれらの情報システムの辞書，情報空間，メッセンジャー空間のそれぞれに含まれているものをよく知っているものとする．

以前に説明したように，情報伝達には，情報の送り手と受け取り手との間に存在する知識のギャップ（ついでにそのギャップをなくしたいという意志）が必要である．そのギャップを作り出すために，情報の送り手は知っていて，受け取り手は知らない知識を 1 つ作り出す．

そのギャップを作る方法はいろいろあり得るが，話を自然にするために，4 個の箱を用意し，その箱の蓋に情報空間 I（漢字）の中の記号,「言」,「木」,「口」,「糸」をそれぞれ書くことにする．

そして，この 4 個の箱のいずれか 1 つの箱に宝を入れた上で，どの箱に宝があるかという情報を伝えるという状況を設定しよう．

もちろん，情報の送り手は宝の箱がどれであるかを知っているが，

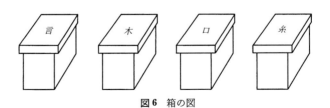

図 6 箱の図

§4 情報伝達のメカニズム

受け取り手は知らない.これが,情報の送り手と受け取り手との間のギャップである.さらに,情報の受け取り手は宝を欲しいと思っているということが前提になっている.

すなわち,情報の受け取り手は,中味の見えない4個の箱から1つを選び出すという選択の場面に立っており,その場合の選択の全体は,漢字システムの情報空間になっている.

次に,この情報伝達において用いてよい方法に制限をつける.というのは,情報の送り手が,「宝の箱はこれこれだよ.」と教えてしまえば,それで情報伝達は済んでしまう.しかし,現実の場面では(例えば,クイズをしている場合,あるいは先生が生徒に教えている場合等),情報の送り手が自由に発言できるとは限らない.

そこで,自発的に発言できるのは情報の受け取り手の方であるとし,受け取り手が質問し,送り手は,受け取り手の質問に,"YES"か"NO"で答えるだけとする.

さらに,受け取り手の質問も,単に,メッセンジャー空間の中のメッセンジャーを送り手に提示するだけとする.(というのは,情報伝達の現場で,情報の送り手と受け取り手とが共通に使える手段は,メッセンジャーだけであると考えるのが自然だからである.)

したがって,情報の受け取り手は,できるだけ少ない数のメッセンジャーを送り手に提示し,それに対する送り手の返事を見て,宝がどの箱に入っているかを当てることになる.

そのために,できるだけ上手に質問して宝の箱を見つけなければならない.そこに,受け取り手の工夫(思考)が生かされるのである.

例えば,受け取り手がメッセンジャー「木」を出すと,送り手は「木」の肯定的情報量 $I^+(木)$ と否定的情報量 $I^-(木)$ を辞書にしたがって計算し,

もし,宝の箱に書かれた記号が $I^+(木)$ に入る時は "YES"

と答え，

　もし，宝の箱に書かれた記号が I^-(木) に入る時は "NO"
と答え，

　もし，どちらにも入っていない時は，"YES" とも "NO"
　とも，自由に答えてよい，
という規則にしたがって返事をするのである．

図7 YES, NO の返事をしている図

　したがって，用いている情報システムが漢字システム1のとき，情報の受け取り手は，メッセンジャー「木」を出して "YES" という答えが得られれば，宝の箱は「言」，「木」，「口」の記号が書かれている箱のいずれかであると結論できるし，"NO" という答えが得られれば，宝の箱は「木」，「口」，「糸」の記号が書かれている箱のいずれかであると結論できる．

　もし，用いている情報システムが漢字システム2のとき，情報の受け取り手は，メッセンジャー「木」を出して "YES" という答えが得られれば，宝の箱は「言」，「木」，「口」の記号が書かれている箱のいずれかであると結論できるし，"NO" という答えが得られれば，宝の箱は「口」，「糸」の記号が書かれている箱のいずれかであると結論できる．

また，用いている情報システムが漢字システム3のとき，情報の受け取り手は，メッセンジャー「木」を出して"YES"という答えが得られれば，宝の箱は「言」，「木」の記号が書かれている箱のいずれかであると結論できるし，"NO"という答えが得られれば，宝の箱は「糸」，「口」の記号が書かれている箱のいずれかであると結論できる．

すなわち，メッセンジャーを送り手に提示して答えを得ると，選択すべき範囲がもともとの情報空間の一部に限定されることになる．したがって，質問を繰り返すことにより，選択の幅は次第に小さくなり，最終的に宝の箱だけが残れば，この場合の情報伝達は成功したことになる．

なお，使用する情報システムが漢字システム3の場合，情報の受け取り手は，次のようにすることにより，丁度2個のメッセンジャーを利用して宝を捜すことができる．

すなわち，最初にメッセンジャー「木」を提示し，もし，"YES"の返事を得たら，次にメッセンジャー「合」を出す．もし，"NO"の返事を得たら，次にメッセンジャー「十」を出す．すると，これらのメッセンジャーに対する答えから，次の図によって，宝の箱が何であるかが決定できることになる．

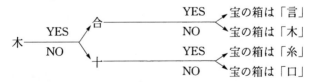

この情報伝達の例から，情報システム

$$\langle I, M, D \rangle$$

を用いた情報伝達の1つのメカニズムを次のように作ることができる．

まず，情報の送り手と受け取り手を用意し，両者はこの情報システムを知っているものとする．

次に，送り手が知っていて受け取り手が知らない知識として，情報空間 I の中の特定の元を1つ指定する．したがって，その指定された元が，I のどの元であるかを，情報の送り手は知っているが，受け取り手は知らないことになる．さらに，受け取り手はその指定された元がなんであるかを知りたがっている，という状況を考える．

さらに，受け取り手は送り手に質問をすることができるが，質問の方法はメッセンジャー空間の中のメッセンジャーを適当に選んで，それを送り手に提示して，"YES"または"NO"の答えを受け取るという方法である．

この時，情報の送り手は，受け取り手が提示したメッセンジャーを眺めて，そのメッセンジャーの肯定的と否定的の両方の情報量を計算し，肯定的情報量の中に問題の指定された元が入っていれば，"YES"と返事し，否定的情報量の中に問題の指定された元が入っていれば，"NO"と返事する．また，どちらにも入っていないときは自由に"YES","NO"のうちの好きな方を返事してよいことにする．

そこで，情報の受け取り手は，メッセンジャー空間の中の各メッセンジャーの肯定的情報量と，否定的情報量を眺めながら，適当と思うメッセンジャーを適当と思う順に情報の送り手に示す．

例えば，情報の受け取り手が選んだメッセンジャーが，

$$p_1, p_2, p_3$$

の3個であるとし，その時の送り手の返事が，順に

"YES", "NO", "YES"

であるとする．

まず，メッセンジャー p_1 に対して"YES"の返事が得られたとい

うことから，情報空間の指定された元が少なくともメッセンジャー p_1 の否定的情報量 $I^-(p_1)$ の中にはないことが分かるので(指定された元が p_1 の否定的情報量に入るときは"NO"と返事をしなければならないことになっている)，情報の受け取り手は，選択の範囲をもともとの情報空間 I から，その部分集合 $I^-(p_1)$ に入る元を全部除いてできる集合

$$I^-(p_1)^c$$

に限定してよいという情報を得ることになる．

次に，メッセンジャー p_2 に対して"NO"の返事が得られたということから，情報空間の指定された元が，少なくともメッセンジャー p_2 の肯定的情報量 $I^+(p_2)$ の中にはないことが分かるので(指定された元が p_2 の肯定的情報量に入るときは"YES"と返事をしなければならないことになっている)，情報の受け取り手は選択の範囲を $I^-(p_1)^c$ から集合 $I^+(p_2)$ に入る元を全部除いてできる集合

$$I^-(p_1)^c - I^+(p_2)$$

に限定してよいという情報を得ることになる．

ところが，一般に，集合 X と集合 Y の差集合 $X-Y$ は集合 X と集合 Y^c (Y の補集合)との共通集合 $X \cap Y^c$ になる，すなわち，等式

$$X-Y = X \cap Y^c$$

が成り立つから，この場合の選択の範囲は I の部分

$$I^-(p_1)^c \cap I^+(p_2)^c$$

に狭められる．

同様にして，メッセンジャー p_3 への答えから，最終的に，選択の幅は

$$I^-(p_1)^c \cap I^+(p_2)^c \cap I^-(p_3)^c$$

になる．この中に入っている情報点が，初めに指定した特定の情報点だけになれば，情報の受け取り手は，指定された元が何であるか

分かることになり，情報伝達は成功することになる．

これが，相手がいる場合の情報伝達のメカニズムである．

2) <u>本物がある場合</u>　情報の送り手がいなくても，本物が眼の前にあり，本物が送り手の代わりに答えてくれる場合がある．例えば，眼の前になんだか分からないが，金属であることだけは分かっている物質が与えられていて，それが何という金属であるかを判定するという状況を考えよう．

図8　未知の金属を前に悩んでいる人の図

そこで，いろいろな金属に関する性質が書かれた辞書 D を用意し，その辞書に出て来る金属の全体を情報空間 I，D に書かれている金属に関する性質の全体をメッセンジャー空間 M とする．

すると，I には「鉄」，「金」といった金属が，M には，

「比重は1である．」

「水に溶ける．」

「電気を通す．」

といったものが入っているであろう．

そこで，この辞書から，I を情報空間，M をメッセンジャー空間とする情報システムを作る．

そして，何か分からない金属がなんであるかを判断するという状

§4 情報伝達のメカニズム

況がわれわれがここで考えている状況である.

まず,われわれがすることは,その未知の金属にいろいろな検査をしてデータを集め,次に,そのデータからその金属がなんであるかを決定する手続きをとることであろう.

検査の結果得られたデータが

「比重は1である.」　　　　　　　　NO
「水に溶ける.」　　　　　　　　　　NO
「電気を通す.」　　　　　　　　　　YES

等であるとすると,メッセンジャー

「比重は1である.」,「水に溶ける.」,「電気を通す.」

を情報の送り手に提示して,

"NO", "NO", "YES"

の返事を得たのと同じことになる.

すなわち,未知の金属という本物が,情報の送り手の代わりに返事をしてくれることになる.

これによって,送り手がいる場合と同様の情報伝達が可能になる.

この情報伝達の例から,情報システム

$$\langle I, M, D \rangle$$

を用いた情報伝達の1つのメカニズムを次のように作ることができる.

まず,情報の受け取り手と情報空間 I の元を1つ用意する.情報空間 I の元は,みんな同じような形をしていて,ただ見ただけでは何であるか分からない.そこで,メッセンジャー空間のメッセンジャーを適当に選び,その元がそのメッセンジャーの情報量とどのような関係にあるかの検査をする.そして,検査の結果は次のようになる.

その元が,そのメッセンジャーの肯定的情報量の中に入るときは

"YES" という答えが，否定的情報量の中に入っているときは "NO" という答えが，また，どちらにも入っていないときは "YES", "NO" の答えがでたらめに出る．

そこで，情報の受け取り手は，適当に工夫してメッセンジャーを選び，それらに関する検査を実施して，答えを得，その答えから問題の元が何であるかを判定する．

これが本物を利用した情報伝達である．

3) <u>データだけがある場合</u>　情報の送り手に質問をすることもできないし，本物もないときの情報伝達を考える．

例えば，ある金持ちが，4個の箱の1つに宝を隠し，それらの箱の蓋に4つの記号「言」,「木」,「口」,「糸」の1つずつを書いたとする．もちろん，書いた直後は宝の箱に書かれている記号が何であるか，その金持ちは覚えているであろう．

しかし，時が経って，宝の箱がどれであるか忘れてしまうかも知れない．

そこで，彼は，漢字システム3を用いて宝の情報を保存しようと考える．すなわち，自分の個人用のノートを用意し，そのノートに，漢字システム3のメッセンジャーをいくつか書き，それらのメッセンジャーの横に，"YES", "NO" の記号を書いておく．

例えば，

$$\text{木 ; NO, 十 ; YES}$$

のように書いたとする．

何年か経って，宝の箱がどれであるか忘れた彼は，そのノートをひろげて，この記号を見，メッセンジャー「木」の否定的情報量

$$\{口, 糸\}$$

とメッセンジャー「十」の肯定的情報量

$$\{言, 糸\}$$

§4 情報伝達のメカニズム

の両方に入っているヘン「糸」の記号が書かれている箱の中に宝があることを知る．これは，自分自身から自分自身への情報伝達の例である．

この情報伝達の例から，情報システム

$$\langle I, M, D \rangle$$

を用いた情報伝達の1つのメカニズムを次のように作ることができる．

情報の送り手と情報空間 I の元を1つ用意する．情報の送り手は，その元が何であるかを，遠くにいる友人に教えるために，自分でメッセンジャーをいくつか工夫して選び，それらのメッセンジャーのそれぞれに，次の規則に従って"YES", "NO"を書いたノートをその友人に送る．

すなわち，その元が，そのメッセンジャーの肯定的情報量の中に入るときは"YES"と書き，否定的情報量の中に入るときは"NO"と書く．また，どちらにも入らないときは"YES", "NO"のどちらか好きな方を書く．

すると，遠くの友人は，そのノートを見て，そこに書かれている"YES", "NO"つきのメッセンジャーを眺め，情報の送り手が考えている元が何であるかを知ることができれば，この情報伝達は成功

図9 遠くの友人にノートを送る図

したことになる.

これが3番目の情報伝達である.この場合,メッセンジャーを工夫して選ぶのは情報の受け取り手ではなく,情報の送り手の方である.

そして,情報の送り手が書いた"YES","NO"つきのメッセンジャーの列は,送り手が考えている情報点の情報を表わしている.そこで,このような"YES","NO"つきのメッセンジャーの列をその情報点の理論と呼ぶことにすると(理論の正確な定義は次の§で与える),この場合の情報伝達は,

"理論による情報伝達"

ということができる.

すると,1番目の情報伝達も,2番目の情報伝達も,ともに,理論による情報伝達の特殊な場合であると考えられる.すなわち,1番目の場合には,情報の受け取り手が,送り手に質問することにより,自分自身で理論を作る場合であり,2番目の場合は,検査によって理論を作るのである.

そこで,次の§では,"YES","NO"つきのメッセンジャーの列としての"理論"と,その理論が運ぶ情報量を説明する.

§5 情報システムの表現能力と理論

情報空間 I とメッセンジャー空間 M および辞書 D からなる情報システム

$$S = \langle I, M, D \rangle$$

による情報伝達は,メッセンジャー空間 M の中の各メッセンジャーに,"YES","NO"を割り当てることにより行なわれた.

例えば,情報空間 I の中の情報点 x に関する情報を情報システム S を用いて伝達するという場合,前§のどのタイプの情報伝達にお

§5 情報システムの表現能力と理論

いても,情報の受け取り手が手に入れることのできるのは,"YES","NO"のどちらかが付加されたメッセンジャーであり,その"YES","NO"の付き方が情報点xによって異なっていた.

そこで,各メッセンジャーpに"YES"または"NO"を付けた

$$p \text{ ; YES}$$
$$p \text{ ; NO}$$

を,それぞれ

$$+p$$
$$-p$$

と表わし,情報システムSにおける

"符号つきメッセンジャー"

と呼ぶことにすると,情報システムSによる情報伝達は,これらの符号つきメッセンジャーを旨く工夫して選び,並べることにより行なわれる.

この選び方や,並べ方が旨いか,下手かで,情報伝達が効率よくできるかどうかが決まる.

しかし,どんなに上手に符号つきメッセンジャーを選んで並べても,もともとの情報システムが悪ければ,やはり,情報伝達は旨くいかない.つまり,情報を表現し保存する能力の低い情報システムを用いている限り,どんなに工夫をしても,自ずから限度がある.

例えば,○や×が1つも書いてない辞書を持った情報システムを用いて情報伝達をする場合を考えて頂きたい.この場合,どんな符号つきメッセンジャーを取っても,選択の幅は全然制限されないので,いつまで経っても,情報は伝わらないことになる.

そこで,この§では,

"情報システムの持っている情報の表現,保存能力"

とは何かを,

"情報システムの上の理論"

という概念を用いて説明しようと思う.

一方,符号つきメッセンジャーの選び方,並べ方に関する戦略をたてるのに用いられるのが,

"情報システムの上の論理"

である.この論理に関するお話は次の§で行なうことにする.

いま,情報システム

$$S = \langle I, M, D \rangle$$

の中の情報点を1つ固定し,それを x とする.

次に,M の中の各メッセンジャー p に対して,

(i) メッセンジャー p の肯定的情報量の中に x が入るときは

$$+p$$

を T に入れる.

(ii) メッセンジャー p の否定的情報量の中に x が入るときは

$$-p$$

を T に入れる.

(iii) メッセンジャー p の肯定的情報量の中にも,否定的情報量の中にも x が入らないときは

$$+p, \quad -p$$

のどちらか1つだけを適当に T に入れる.

という手続きによって得られる符号つきメッセンジャーの集まり T を,

"x の S における理論"

という.

なお,符号つきメッセンジャーの集まりとしてのこの理論と,§7で扱う"符号なし理論"とを区別するときには,この理論を

"x の S における符号つき理論"

§5 情報システムの表現能力と理論

と呼ぶ.

すると,異なる情報点が同じ理論を持つことがある.

例えば,漢字システム1において,理論

$$\{+木, -十, +舌, +寸, -合\}$$

は,情報点「木」の理論であると同時に,情報点「口」の理論でもある.

また,同じ情報点に異なる理論が沢山できることもある.

例えば,漢字システム1における情報点「口」の理論は

$$\{+木, -十, +舌, +寸, -合\}$$
$$\{+木, -十, +舌, -寸, -合\}$$
$$\{+木, -十, -舌, +寸, -合\}$$
$$\{+木, -十, -舌, -寸, -合\}$$
$$\{-木, -十, +舌, +寸, -合\}$$
$$\{-木, -十, +舌, -寸, -合\}$$
$$\{-木, -十, -舌, +寸, -合\}$$
$$\{-木, -十, -舌, -寸, -合\}$$

の8個ある.

しかし,同じ漢字システム1においても,情報点「言」の理論は

$$\{+木, +十, +舌, -寸, +合\}$$

ただ1つである.

一方,漢字システム3における,各ヘン「言」,「木」,「口」,「糸」の理論は,漢字辞書3において,これらのヘンの行を左から眺めていき,○が書かれているます目の上のツクリにはプラスを,×が書かれているます目の上のツクリにはマイナスを付けて得られる符号つきメッセンジャーの全体である.

例えば,ヘン「糸」の漢字システム3における理論は,このヘンの行

	木	十	舌	寸	合
糸	×	○	○	×	×

において，○が書かれているます目の上にあるツクリ「十」，「舌」にはプラスを，×が書かれているます目の上にあるツクリ「木」，「寸」，「合」にはマイナスを付けてできる符号つきメッセンジャーの全体

$$\{-木, +十, +舌, -寸, -合\}$$

である．

このように，完全な情報システム $S = \langle I, M, D \rangle$ における情報点 x の理論は

x を実例とするメッセンジャーにはプラスを，

x を反例とするメッセンジャーにはマイナスを

付けて得られる符号つきメッセンジャーの全体になる．

したがって，完全な情報システム S においては，各情報点 x の S における符号つき理論はただ1つだけに定まる．その理論をしばらくは

$$M_S(\pm x)$$

で表わす．

すなわち，S が完全な情報システムのとき，$M_S(\pm x)$ はます目 $[x, p]$ に○が書かれているメッセンジャー p にはプラスを，ます目 $[x, p]$ に×が書かれているメッセンジャー p にはマイナスを付けて得られる符号つきメッセンジャーの全体である．

しかし，完全な情報システムにおいても，異なる情報点が同じ理論を持つことはあり得る．

例えば，辞書

§5 情報システムの表現能力と理論

	p	q	r
x	○	×	○
y	×	×	○
z	○	×	○

で定まる完全な情報システムにおいては,情報点 x と情報点 z の行の○と×の出方が同じなので,当然この2点は同じ理論

$$\{+p, -q, +r\}$$

を持つ.

この定義からお分かり頂けるように,情報システム S における情報点 x の理論とは,この情報システムを用いて x が何であるかを伝達しようとするときに,情報の受け取り手が手に入れることのできる最大の情報(の集まり)である.(メッセンジャーの選び方,並べ方等の,いわゆる工夫に関する部分は全部無視して,単なる質問と答えの集まりと考えた場合の話であることに注意して欲しい.)

すなわち,情報の受け取り手は,未知の情報点 x の情報システム S における1つの理論を手にいれて,その理論から,未知の情報点が何であるかを判定することになる.

この判定が,原理的にどの程度可能であるかを調べるには,理論の持っている情報量を計算しないといけない.ところが,理論とは,符号つきメッセンジャーの集まりであるから,理論の持つ情報量は,その中にある符号つきメッセンジャーの情報量を全部合わせたものである.

では,符号付きメッセンジャーの情報量とは何であろうか.

例えば,情報システム $S = \langle I, M, D \rangle$ において,符号つきメッセンジャー

$$+p$$

の情報量とは，問題にしている(情報の受け取り手にとって)未知の情報点が，メッセンジャー p の否定的情報量の中には入っていないという情報を表わすから，この符号つきメッセンジャーの S における情報量は，情報空間から，メッセンジャー p の否定的情報量を除いてできる情報量である．すなわち，符号つきメッセンジャー

$$+p$$

の S における情報量

$$I_S(+p)$$

は，I の部分集合 $I-I_S^-(p)$, すなわち, $I_S^-(p)^c$ である．

同様に，符号つきメッセンジャー

$$-p$$

の S における情報量

$$I_S(-p)$$

は，I の部分集合 $I-I_S^+(p)$, すなわち, $I_S^+(p)^c$ である．

以上の定義から，プラスつきメッセンジャー $+p$ の S における情報量 $I_S(+p)$ は

"p の反例とならない情報点の全体"

であり，マイナスつきメッセンジャー $-p$ の S における情報量 $I_S(-p)$ は

"p の実例とならない情報点の全体"

である．したがって，情報点 x とメッセンジャー p について

「x が p の反例でないとき，x は $I_S(+p)$ に入る．」

「x が p の実例でないとき，x は $I_S(-p)$ に入る．」

の2つの事実が成り立つ．

一方，情報点 x の S における理論は

(i) p の肯定的情報量の中に x が入るときは $+p$

(ii) p の否定的情報量の中に x が入るときは $-p$

§5 情報システムの表現能力と理論

(iii) p の肯定的情報量の中にも，否定的情報量の中にも x が入らないときは $+p, -p$ のどちらか1つ

を集めてできる符号つきメッセンジャーの集まりである．ところが，

(i) の場合 x は p の反例でないから，x は $I_S(+p)$ に入る．
(ii) の場合 x は p の実例でないから，x は $I_S(-p)$ に入る．
(iii) の場合 x は p の反例でも実例でもないから，x は $I_S(+p)$ と $I_S(-p)$ の両方に入る．

となるから，結局，

> 情報点 x の S における理論の中の符号つきメッセンジャーの情報量の中に情報点 x 自身は必ず入る．

という重要な事実が得られる．

次に，これらの符号つきメッセンジャーの集まり

$$Q = \{r_1, r_2, r_3, \cdots\}$$

の持つ情報量 $I_S(Q)$ を，Q の中の符号つきメッセンジャー，$r_1, r_2, r_3, \cdots$ それぞれの S における情報量 $I_S(r_1), I_S(r_2), I_S(r_3), \cdots$ の共通集合

$$I_S(r_1) \cap I_S(r_2) \cap I_S(r_3) \cap \cdots$$

と定め，情報システム S における情報点 x の理論 T の S における情報量 $I_S(T)$ を計算してみよう．

いま，

$$T = \{r_1, r_2, r_3, \cdots\}$$

とおくと，T の S における情報量 $I_S(T)$ は

$$I_S(r_1) \cap I_S(r_2) \cap I_S(r_3) \cap \cdots$$

となる．

ところが，T は情報点 x の理論であるから，T の中の各符号つきメッセンジャー $r_1, r_2, r_3, \cdots$ の S における情報量 $I_S(r_1), I_S(r_2),$

$I_S(r_3), \cdots$ の中には情報点 x が入っているから,その共通部分である $I_S(T)$ にも情報点 x は入っている.すなわち

> 情報点 x は,x の理論 T の情報量 $I_S(T)$ に入る.

が成り立つ.

問題は,x 以外の情報点が $I_S(T)$ に入っているかどうかである.

もし,情報点 x の理論 T の S における情報量 $I_S(T)$ の中に情報点 x だけが入るとき,すなわち

$$I_S(T) = \{x\}$$

が成り立つとき,この理論 T を受け取った情報の受け取り手は,T の情報量を計算することにより,問題の情報点を完全に求めることができる.したがって,この場合の情報伝達は完全に成功する.(ただし,この議論は,具体的にどのような手順で問題の情報点にたどりつくかという具体的な方法については何も言及していない.それは,論理に関係した問題であり,ここでは,問題の情報点に原理的にはたどり着けるといっているだけである.)

しかし,情報点 x の理論 T の S における情報量 $I_S(T)$ の中に,情報点 x 以外に,別の情報点 y が入るとき,T の中の情報だけでは2つの情報点 x と y を区別することができないことになり,情報伝達は失敗することになる.

例えば,漢字システム1における情報点「言」の理論 T(言)

$$\{+木, +十, +舌, -寸, +合\}$$

の漢字システム1における情報量は

$$\{言, 木, 口\} \cap \{言, 木, 糸\} \cap \{言, 木, 口, 糸\} \cap$$
$$\{言, 木, 口, 糸\} \cap \{言, 木\}$$

であり,これを計算すると

$$\{言, 木\}$$

§5 情報システムの表現能力と理論　　43

となるから，漢字システム1を用いる限り，情報点「言」に関する情報を完全に伝達することはできないことになる．（だからといって，情報システムによる情報伝達が無意味だとは思わないでください．われわれはいろいろな情報システムを幾つも同時に使うことができるのです．1つの情報システムによる情報伝達が完全には成功しなくても，他の情報システムを組み合わせて用いることにより，情報伝達を成功させることができるのです．）

一方，漢字システム3における情報点「言」の理論はやはり

$$\{+木, +十, +舌, -寸, +合\}$$

となり，この理論の漢字システム3における情報量は

$$\{言, 木\} \cap \{言, 糸\} \cap \{言, 木, 口, 糸\} \cap$$
$$\{言, 木, 口, 糸\} \cap \{言\}$$

であり，これを計算すると

$$\{言\}$$

となるから，漢字システム3を用いれば，情報点「言」に関する情報を完全に伝達することができる．

このことから，情報システムの情報伝達能力を，その情報システムの各情報点の理論の情報量がどの程度のものになるかで判断したいのであるが，不完全な情報システムを取り扱っていると次のような不自然なことが起こる．

例えば，同じ情報空間を持つ2つの情報システム S_1 と S_2 を2つの辞書

D_1	p	q
x	○	
y	○	○

D_2	p	q
x	○	○
y	○	○

で定まる情報システムとすると，情報システム S_1 における情報点 x の理論は

$$\{+p, +q\} \quad \text{と} \quad \{+p, -q\}$$

であり，その情報量は

$$\{x, y\} \quad \text{と} \quad \{x\}$$

である．一方，情報システム S_2 における同じ情報点 x の理論は

$$\{+p, +q\}$$

だけであり，その情報量は

$$\{x, y\}$$

となる．したがって，見かけ上，情報システム S_1 の方が，情報システム S_2 より情報表現能力が高いようにみえる．しかし，情報システム S_2 は情報システム S_1 の拡張であるから，辞書を詳しくすると，情報表現能力が減るという不思議な現象が起こる．

この現象を問題にしだすと，話が複雑になりすぎるので，以下では，このようなことが起こらないように，情報システムの情報表現能力を問題にするときは常に

"完全な情報システム"

だけを取り扱うことにする．

すると，完全な情報システム S における各情報点 x の理論はただ1つだけ定まり，それを

$$M_S(\pm x)$$

で表わすのであった．

この符号つきメッセンジャーの集合 $M_S(\pm x)$ は，完全な情報システム S を用いて情報点 x に関する情報の伝達を行なう場合，情報の送り手が受け取り手に送ることのできる最大の(符号つきメッセンジャーの)集合である．

したがって，この符号つきメッセンジャーの集合 $M_S(\pm x)$ の S

§5 情報システムの表現能力と理論

における情報量

$$I_S(M_S(\pm x))$$

が,情報の受け取り手が手に入れることのできる最大の情報量のはずである.

そこで,この情報量を

"情報点 x の情報システム S における符号つき情報量"

といい,

$$S(\pm x)$$

で表わす.

すると,$M_S(\pm x)$ の中の符号つきメッセンジャーの情報量の中に情報点 x は必ず入るから,$S(\pm x)$ は x を含むことになる.(注意!情報量 $I_S(r)$ は符号つきメッセンジャー r に対して定まるが,情報量 $S(\pm x)$ は情報点 x に対して定まる.)

例えば,辞書

	p	q	r
x	○	×	○
y	×	×	○
z	○	×	○

で定まる完全な情報システム S においては,情報点 x の符号つき情報量 $S(\pm x)$ は,情報点 x の S における符号つき理論

$$\{+p, -q, +r\}$$

の S における情報量

$$I_S(+p) \cap I_S(-q) \cap I_S(+r),$$

すなわち,

$$\{x, z\} \cap \{x, y, z\} \cap \{x, y, z\}$$

であり,これを計算して

$$S(\pm x) = \{x, z\}$$

を得る.

同様にして,

$$S(\pm y) = \{y\}$$
$$S(\pm z) = \{x, z\}$$

を得る.

そこで，同じ情報空間 I を持つ 2 つの完全な情報システム

$$S_1 = \langle I, M_1, D_1 \rangle, \quad S_2 = \langle I, M_2, D_2 \rangle$$

について，

「I の中の各情報点 x の S_1 における符号つき情報量 $S_1(\pm x)$ が，同じ情報点 x の S_2 における符号つき情報量 $S_2(\pm x)$ の部分に常になる.」

とき，

「情報システム S_1 の表現能力は
情報システム S_2 の表現能力以上である.」

という.

すなわち，共通の情報空間 I の中のすべての情報点 x について

$$S_1(\pm x) \subseteq S_2(\pm x)$$

が成り立つとき，S_1 の表現能力は S_2 の表現能力以上である，と言うのである.

例えば，同じ情報空間 $\{x, y\}$ を持つ 2 つの情報システム S_1 と S_2 を 2 つの辞書

D_1	p	q
x	○	×
y	○	○

D_2	p	q
x	○	○
y	○	○

で定めると，情報点 x, y の情報システム S_1 における理論はそれぞれ

$$\{+p, -q\}, \quad \{+p, +q\}$$

であり，情報システム S_1 におけるこれらの理論の情報量はそれぞれ

$$\{x\}, \quad \{y\}$$

である．すなわち，

$$S_1(\pm x) = \{x\}, \quad S_1(\pm y) = \{y\}$$

である．

一方，情報点 x, y の情報システム S_2 における理論はそれぞれ

$$\{+p, +q\}, \quad \{+p, +q\}$$

であり，情報システム S_2 におけるそれらの理論の情報量はそれぞれ

$$\{x, y\}, \quad \{x, y\}$$

となる．すなわち，

$$S_2(\pm x) = \{x, y\}, \quad S_2(\pm y) = \{x, y\}$$

である．

したがって，

$$S_1(\pm x) \subseteq S_2(\pm x), \quad S_1(\pm y) \subseteq S_2(\pm y)$$

が成り立つから情報システム S_1 の表現能力は情報システム S_2 の表現能力以上になる．

また，

「I の中の各情報点 x の S_1 における符号つき情報量 $S_1(\pm x)$ と，同じ情報点 x の S_2 における符号つき情報量 $S_2(\pm x)$ が常に同じになる．」

とき，

「2つの情報システム S_1 と S_2 は "等値" である．」

あるいは

「2つの情報システム S_1 と S_2 は同じ表現能力を持つ.」

という.

例えば,同じ情報空間 $\{x,y\}$ を持つ2つの情報システム S_1 と S_2 を2つの辞書

D_1	p	q
x	×	×
y	×	×

D_2	p	q
x	○	○
y	○	○

で作ると,これらの情報システムは明らかに同じ表現能力を持つ.

すると,

「S_1 と S_2 が同じ表現能力を持つ.」

ことと

「S_1 の表現能力は S_2 の表現能力以上で,しかも,
S_2 の表現能力も S_1 の表現能力以上である.」

こととは,同じことである.

また,S_1 の表現能力が S_2 の表現能力以上で,しかも,情報点 x の情報が S_2 で完全に表現できるとき(すなわち,$S_2(\pm x)$ が x だけからなる集合 $\{x\}$ になるとき),

$$\{x\} \subseteq S_1(\pm x) \subseteq S_2(\pm x) = \{x\}$$

となるから,当然,

$$S_1(\pm x) = \{x\}$$

となり情報点 x の情報は S_1 でも完全に表現できることになる.

これが,理論による情報の表現と,それを用いた完全な情報システムの情報表現能力の説明である.

しかし,理論によるこのような情報伝達では,無駄な部分が沢山

出て来る可能性がある．

例えば，情報点「言」に関する情報を漢字システム3を用いて伝達する場合でも，「言」の符号つき情報量が{言}になることを導くには，符号つきメッセンジャー

$$+合$$

の情報量を計算するだけでよいはずである．というのは

「言」の符号つき情報量 = +合の情報量

が成り立つからである．

漢字システムの場合，メッセンジャーは有限個であるから，いくらか無駄があっても，それほど問題にはならないが，もし，メッセンジャーが無限個の情報システムを用いて情報伝達をする場合には，このような無駄を省くことが重要になる．

情報システム S を用いた情報伝達の場面で，このような無駄を省くために用いるのが，その情報システム S の上の論理である．

§6 情報システムの上の論理

情報空間 I とメッセンジャー空間 M および辞書 D からなる情報システム

$$S = \langle I, M, D \rangle$$

を1つ固定し，この情報システムを用いて情報伝達を行なう場合に，この情報システムで表現される情報の情報量の大小による順序が，情報伝達の場面でどのように用いられるかを眺めてみる．

ここで考える情報は，情報システム S の符号つきメッセンジャーで表現される情報空間 I 上の情報であるから，以下では，そのような情報と，その情報を表現する符号つきメッセンジャーとを同一視し，情報とは，符号つきメッセンジャーのことであると考えることにする．

まず，§2で取り扱った情報の間の強弱関係をそのまま符号つきメッセンジャーの間の強弱関係に書き換えると，情報システムS上の2つの符号つきメッセンジャーrとsについて，

「rの持っている情報量$I_S(r)$がsの持っている情報量$I_S(s)$の部分集合になる.」

とき，この情報システムにおいて，

「rの情報量はsの情報量以上である.」

ということになる.

また，同じ情報量をもつ符号つきメッセンジャーは，符号つきメッセンジャーとしては同じものとみなされるので，そのような符号つきメッセンジャーは

"等値な符号つきメッセンジャー"

と呼ばれる.

すなわち，2つの符号つきメッセンジャーrとsについて，
$$I_S(r) = I_S(s)$$
が成り立つとき，2つの符号つきメッセンジャーrとsは等値なメッセンジャーであるというのである.

すると，情報システムS上の符号つきメッセンジャーの間に，この情報量の多少による順序が入ることになる.

また，この順序の下で最も情報量の多い符号つきメッセンジャーとは，その情報量が空集合となる符号つきメッセンジャーである.

このような符号つきメッセンジャーを

"矛盾した符号つきメッセンジャー"

という.

逆に，最も情報量の少ない符号つきメッセンジャーとは，その情報量がI全体となる符号つきメッセンジャーである.

このような符号つきメッセンジャーを

§6 情報システムの上の論理

"論理的な符号つきメッセンジャー"

という.

すると,すべての符号つきメッセンジャーは,論理的な符号つきメッセンジャーと矛盾した符号つきメッセンジャーの間に位置することになる.

例えば,漢字システム2において
$$-舌$$
は矛盾した符号つきメッセンジャー,
$$+舌$$
は論理的な符号つきメッセンジャーとなる.

この情報量の多少による符号つきメッセンジャーの間の順序は理論による情報伝達の場面で次のように用いられる.

情報点 x が何であるかを遠くにいる友人に伝えるために,x の S における理論 T をその友人に送る場合を考えよう.

この場合,メッセンジャー空間のメッセンジャーが無限個あるので,理論 T も符号つきメッセンジャーの無限集合になる.すると,この無限集合を送られた友人が,理論 T の情報量を計算して情報点 x にたどりつくのは大変な作業になる.

そこで,情報の送り手は,友人の作業を軽減させるために,理論 T の中の無駄な符号つきメッセンジャーを整理し,情報点 x を見つけるのに必要不可欠なものだけ送る.

例えば,T の中に論理的な符号つきメッセンジャーがあれば,それは捨ててしまう.また,T の中に情報量の多少による順序がつく符号つきメッセンジャーがあれば,情報量の少ない方を捨て去る.さらに,T の中の符号つきメッセンジャー,
$$r_1, r_2, \cdots, r_m, r$$
の間に

$$(I_S(r_1) \cap I_S(r_2) \cap \cdots \cap I_S(r_m)) \subseteq I_S(r)$$

の関係がある時は，$r_1, r_2, \cdots, r_m$ があれば r は不要なので，やはり T から捨て去る．

このようにして整理した結果，無限個の元が捨てられて，T は有限集合

$$\{t_1, t_2, \cdots, t_m\}$$

になったとすると，この集合の情報量と，もともとの T の情報量とは同じであるはずだから，

$$I_S(t_1) \cap I_S(t_2) \cap \cdots \cap I_S(t_m) = I_S(T)$$

が成り立つ．

すると，もともとの T の中の符号つきメッセンジャー t とこの $t_1, t_2, \cdots, t_m$ との間には

$$I_S(t_1) \cap I_S(t_2) \cap \cdots \cap I_S(t_m) = I_S(T) \subseteq I_S(t)$$

という関係が常に成り立つはずである．

そこで，関係

$$I_S(t_1) \cap I_S(t_2) \cap \cdots \cap I_S(t_m) \subseteq I_S(t)$$

が，$t_1, t_2, \cdots, t_m$ と t の間に成り立つとき，

「S の中で $t_1, t_2, \cdots, t_m$ から t が論理的に導かれる．」

と呼び，

$$t_1, t_2, \cdots, t_m \vDash_S t$$

と書くことにすると，

無限集合 T は，S の中で $t_1, t_2, \cdots, t_m$ から論理的に導かれる t の全体として表現される．

このようにして理論 T を表現することを，理論 T の

"公理化"

といい，符号つきメッセンジャーの集まり

$$t_1, t_2, \cdots, t_m$$

を理論 T の

"公理系"

といい，符号つきメッセンジャー $t_1, t_2, \cdots, t_m$ の１つ１つを理論 T の

"公理"

という．

この理論の公理化においては，有限個の符号つきメッセンジャー $t_1, t_2, \cdots, t_m$ と１つの符号つきメッセンジャー t との間の"論理的に導かれる"という関係

$$t_1, t_2, \cdots, t_m \vDash_S t$$

が基本的である．この関係を

"情報システム S の上の(符号つき)論理"

という．

すると，以上の説明から，情報システム S を用いた理論による情報伝達の現場において，S の上の論理がいかに重要であるかがお分かり頂けたと思う．

しかし，今までの話では，情報伝達の現場とのつながりを強調するために，符号つきメッセンジャーを敢えて前面に出してきたが，やはり，これはわずらわしいので，次に，"否定"と呼ばれる操作を導入することにより，符号の付いていない単なるメッセンジャーだけで話がすむようにする．

§7 否定の導入による符号の消去

情報システム S を用いた情報伝達の場面で，符号つきメッセンジャーを使わずに，符号の付いていない，単なるメッセンジャーだけで話がすむようにするためには，どうすればよいかをこの§では検討する．

情報システム S による情報伝達は，S のメッセンジャー空間の中のメッセンジャーにプラス，またはマイナスの符号を付けて情報の受け取り手に送ることにより行なわれた．そこで，もし，マイナスの符号を使わず，プラスつきのメッセンジャーだけを送ることにより情報伝達の用が足りるならば，符号はもはや要らなくなる．

　というのは，この場合，情報の送り手は符号なしの単なるメッセンジャーを送り，受け取り手はそれにプラスの符号が付いているものと思って処理すればよいからである．

　このことをもう少し検討しよう．

　完全な情報システム S の情報空間の中の情報点 x に関する情報伝達は，原則的には，次のようにして行なわれる．

　まず，情報の送り手は x の S における符号つき理論 $M_S(\pm x)$ を送る．すると，受け取り手はこの $M_S(\pm x)$ の S における情報量

$$I_S(M_S(\pm x)),$$

すなわち，情報点 x の S における情報量

$$S(\pm x)$$

を計算して情報点 x が何であるか知ろうとするのであった．

　ところが，$M_S(\pm x)$ は x を実例とするメッセンジャーにプラスの符号を付けて得られる符号つきメッセンジャーの全体と，x を反例とするメッセンジャーにマイナスの符号を付けて得られる符号つきメッセンジャーの全体を併せてできる符号つきメッセンジャーの集合であるから，

　　"x を実例とするメッセンジャーにプラスの符号を
　　付けて得られる符号つきメッセンジャーの全体"

を

$$M_S(+x)$$

で表わし，

§7 否定の導入による符号の消去

"x を反例とするメッセンジャーにマイナスの符号を
付けて得られる符号つきメッセンジャーの全体"

を
$$M_S(-x)$$
で表わすと,
$$M_S(\pm x) = M_S(+x) \cup M_S(-x)$$
となる.

そこで, 情報点 x に関する情報伝達をするときに, プラスつきのメッセンジャーだけで用が足りると言うことは, $M_S(\pm x)$ の中の符号つきメッセンジャーを全部送らなくとも, $M_S(+x)$ の中のプラスつきメッセンジャーだけ送ればよいと言うことである.

これは, 符号つきメッセンジャーの集合として, $M_S(\pm x)$ と $M_S(+x)$ が同じ情報量を持つと言うこと, すなわち,
$$S(\pm x) = I_S(M_S(\pm x)) = I_S(M_S(+x))$$
が成り立つことである.

そこで, プラスつきメッセンジャーの集合 $M_S(+x)$ の中の符号つきメッセンジャー全部から, プラスという符号を取ってできる符号なしメッセンジャーの全体を
$$M_S(x)$$
と書くと, $M_S(x)$ は
"x を実例とするメッセンジャーの全体"
である.

そこで, 符号なしメッセンジャー p に対して
"メッセンジャー p の S における情報量 $I_S(p)$"
を, p の肯定的情報量 $I_S^+(p)$ と定めると, S が完全な情報システムであるから
$$I_S(p) = \text{"p を実例とする情報点の全体"}$$

$$= I_S(+p)$$

となる．（各メッセンジャー p には，肯定的情報量 $I_S^+(p)$ と否定的情報量 $I_S^-(p)$ は定められているが，単なる情報量は定義されていないことに注意．）

そして，（符号なし）メッセンジャーの集まり

$$T = \{p_1, p_2, p_3, \cdots\}$$

に対しても，情報量

$$I_S(p_1) \cap I_S(p_2) \cap I_S(p_3) \cap \cdots$$

を

"T の S における（符号なし）情報量"

と呼んで

$$I_S(T)$$

で表わすことにすると，符号なしメッセンジャーの集まり $M_S(x)$ の S における（符号なし）情報量

$$I_S(M_S(x))$$

はプラスつきメッセンジャーの集まり $M_S(+x)$ の S における情報量

$$I_S(M_S(+x))$$

に一致する．

したがって，上で説明した，情報点 x に関する情報伝達をするときに，プラスつきのメッセンジャーだけで用が足りる場合と言うのは

$$S(\pm x) = I_S(M_S(\pm x)) = I_S(M_S(x))$$

が成り立つ場合と言うことになる．

そこで，$M_S(x)$ を

"情報点 x の S における（符号なし）理論"

と呼び，$M_S(x)$ の情報量 $I_S(M_S(x))$ を

§7 否定の導入による符号の消去

"情報点 x の S における(符号なし)情報量"

と呼んで,

$$S(x)$$

で表わすことにすると,情報点 x に関する情報伝達をするときに,プラスつきのメッセンジャーだけで用が足りる場合と言うのは

$$S(\pm x) = S(x)$$

が成り立つ場合と言うことになる.

そこで,このことがすべての情報点についても成り立つような情報システムを用いて情報伝達を行なう場合には,メッセンジャーに符号を付けることをやめても,そのことにより情報伝達能力が落ちることはないはずである.

そこで,そのような情報システムをこれから作り出す.

情報システム S のメッセンジャー空間 M の中のメッセンジャー p と q に対して,

p の肯定的情報量 $I_S^+(p) = q$ の否定的情報量 $I_S^-(q)$

p の否定的情報量 $I_S^-(p) = q$ の肯定的情報量 $I_S^+(q)$

が成り立つとき,

「メッセンジャー q はメッセンジャー p の"否定"である.」

という.

もちろん,

「メッセンジャー q はメッセンジャー p の否定である.」

ことと

「メッセンジャー p はメッセンジャー q の否定である.」

こととは,メッセンジャー p, q の条件として同じものである.

次に,情報システム S の中のすべてのメッセンジャーについて,その否定と呼ばれるメッセンジャーが少なくとも1つある時,その情報システムは

"否定の自由に取れる情報システム"

と呼ぶ.

すると, 否定の自由に取れる完全な情報システム S においては, 各情報点 x の S における符号つき情報量 $S(\pm x)$ と符号なし情報量 $S(x)$ は同じになる.

というのは,

$$S(\pm x) = I_S(M_S(\pm x))$$

で, しかも

$$M_S(\pm x) = M_S(+x) \cup M_S(-x)$$

であるから,

$$S(\pm x) = I_S(M_S(+x)) \cap I_S(M_S(-x))$$

となる.

ところが, S で否定が自由に取れるから, $M_S(+x)$ にプラスつきメッセンジャー $+p$ が入るとき, p の否定 q を取ると,

$$I_S(+p) = I_S(-q)$$

で, しかも, $-q$ は $M_S(-x)$ に入る.

逆に, $M_S(-x)$ にマイナスつきメッセンジャー $-p$ が入るとき, p の否定 q を取ると,

$$I_S(-p) = I_S(+q)$$

で, しかも, $+q$ は $M_S(+x)$ に入る.

したがって,

$$M_S(+x) = \{+p_1, +p_2, +p_3, \cdots\}$$

とし, $p_1, p_2, p_3, \cdots$ の否定をそれぞれ

$$q_1, q_2, q_3, \cdots$$

とすると

$$M_S(-x) = \{-q_1, -q_2, -q_3, \cdots\}$$

となり

§7 否定の導入による符号の消去

$$I_S(M_S(+x)) = I_S(+p_1) \cap I_S(+p_2) \cap I_S(+p_3) \cap \cdots$$
$$= I_S(-q_1) \cap I_S(-q_2) \cap I_S(-q_3) \cap \cdots$$
$$= I_S(M_S(-x))$$

となる.

ここから

$$S(\pm x) = I_S(M_S(+x))$$

が得られる.

ところが,

$$I_S(M_S(+x)) = I_S(M_S(x)) = S(x)$$

は常に成り立つから,これらをあわせて

> **符号消去定理** 否定の自由に取れる完全な情報システム S においては,情報点 x の S における符号つき情報量 $S(\pm x)$ と符号なし情報量 $S(x)$ は常に同じになる.

という定理を得る.

この定理により,否定が自由に取れる情報システムを用いて情報伝達を行なうときには,メッセンジャーに符号を付けることをやめても,そのことにより情報の伝達に支障をきたすことはないことが保証される.

しかし,もともとの情報システムで否定が自由に取れるとは限らない.

そこで,与えられた完全な情報システム S を作り替えて,否定の自由に取れる情報システム S' で,しかも,S と同じ情報伝達能力をもつ情報システムを作る方法を説明する.

話を簡単にするために,x, y の2つの情報点を持つ情報空間 I,p, q, k の3つのメッセンジャーを持つメッセンジャー空間 M と次の辞書 D

	p	q	k
x	○	×	×
y	○	×	○

からできる情報システム $S = \langle I, M, D \rangle$ を考える.

次に,新しいメッセンジャー p', q', k' を用意し,新しい辞書 D' を,辞書 D に,新しいメッセンジャーの列を付け加え,その辞書において,p と p',q と q',k と k' がそれぞれ否定の関係になるようにする.すなわち,辞書 D' を

	p	q	k	p'	q'	k'
x	○	×	×	×	○	○
y	○	×	○	×	○	×

とし,情報システム S' を

$$\langle \{x, y\}, \{p, p', q, q', k, k'\}, D' \rangle$$

とする.

すると,S' は S と同じ情報空間 $\{x, y\}$ を持つ否定が自由に取れる情報システムであり,しかも,情報点 x, y の S, S' における情報量はそれぞれ

$$S(\pm x) = \{x\} = S'(\pm x)$$
$$S(\pm y) = \{y\} = S'(\pm y)$$

となるから,S と S' は同じ表現能力を持つ情報システムになる.

このようにして,情報システム S が与えられると,否定が自由に取れる情報システム S' で,S と同じ表現能力を持つものが具体的に作れる.

そこで,否定が自由には取れない完全な情報システム S を用いて情報伝達をしなければならないときは,この方法で S から否定

が自由に取れる情報システム S' を作ると,すべての情報点 x について,

$$S(\pm x) = S'(\pm x)$$

が成り立つが,S' では否定が自由に取れるから,符号消去定理により

$$S'(\pm x) = S'(x)$$

も成り立つ.

ここから,すべての情報点 x について,

$$S(\pm x) = S'(x)$$

となる.

これは,情報システム S を用いて情報伝達を行なう場合に,S の代わりに S' を用いれば,いつでも,符号つきメッセンジャーを使わないですむことを示している.

符号消去定理により,否定が自由に取れる完全な情報システムを用いて情報伝達をする場合には,符号なしの,単なるメッセンジャーだけを用いて情報伝達を行なっても,その情報システムの表現能力は減少しないことが分かった.

そこで,この事実をもとにして,今までに符号つきメッセンジャーとその情報量を用いて議論されてきた:

"情報システムの表現能力"

"符号つきメッセンジャーの間の情報量の多少による順序"

"いくつかの符号つきメッセンジャーと1つの符号つきメッセンジャーの間の論理という関係"

について,符号を取り去る作業を行なう.

はじめに,情報システムの表現能力を,符号なし情報量で表わすと,次のようになる.

同じ情報空間 I を持ち,否定が自由に取れる2つの完全な情報シ

ステム

$$S_1 = \langle I, M_1, D_1 \rangle \quad と \quad S_2 = \langle I, M_2, D_2 \rangle$$

を取る.

すると，符号消去定理から

「S_1 の表現能力が S_2 の表現能力以上である.」

ことと,

「I の中のすべての情報点 x について, $S_1(x) \subseteq S_2(x)$」

とは同じことになるし,

「S_1 と S_2 が同じ表現能力を持つ.」

ことと,

「I の中のすべての情報点 x について, $S_1(x) = S_2(x)$」

とは同じことになる.

次に，メッセンジャーの間の情報量の多少による順序を考える.

S を完全な情報システムとすると，S のメッセンジャー空間の中の各メッセンジャー p には，情報空間の上の情報量 $I_S(p)$ が対応させられているから，メッセンジャー p はこの情報空間上の情報を表わし，その情報量は $I_S(p)$ であるとみなせる．したがって，§2 の議論がそのまま使える.

すなわち，情報システム S 上の 2 つのメッセンジャー p と q について,

「情報量 $I_S(p)$ が情報量 $I_S(q)$ の部分集合となる.」

とき，この情報システム S において,

「p の情報量は q の情報量以上である.」

といい,

「情報量 $I_S(p)$ が情報量 $I_S(q)$ と同じになる.」

とき，この情報システム S において,

「p と q は等値である.」

§7 否定の導入による符号の消去

という.

すると,情報システム S のメッセンジャーの間に,この情報量の多少による順序が入ることになる.

また,この順序の下で最も情報量の多いメッセンジャーとは,その情報量が空集合となるメッセンジャーである.

このようなメッセンジャーを

"矛盾したメッセンジャー"

という.

逆に,最も情報量の少ないメッセンジャーとは,その情報量が情報空間全体となるメッセンジャーである.

このようなメッセンジャーを

"論理的なメッセンジャー"

という.

すると,すべてのメッセンジャーは,論理的なメッセンジャーと矛盾したメッセンジャーの間に位置することになる.

次に,情報点 x に関する情報を具体的に伝達する場合の方策を与えてくれる"論理"も符号なしメッセンジャーの間の関係として書き直してみよう.

有限個のメッセンジャー $p_1, p_2, \cdots, p_m$ と 1 つのメッセンジャー p の間に

$$I_S(p_1) \cap I_S(p_2) \cap \cdots \cap I_S(p_m) \subseteq I_S(p)$$

という関係が成り立つとき,

「S の中で $p_1, p_2, \cdots, p_m$ から p が論理的に導かれる.」

と呼び,

$$p_1, p_2, \cdots, p_m \vDash_S p$$

と書くことにする.

この,"論理的に導かれる"というメッセンジャーの間の関係が

"情報システム S の上の論理"

である．

そして，この§以降では，メッセンジャーの情報量，理論，論理というものは全部，符号なしのもののみを取り扱う．

§8 論理の完全性と理論の完全性

この§では，符号なし論理，理論に関する解説を，完全性という概念を中心にして行なう．

まず，いくつかのメッセンジャーと1つのメッセンジャーの間の関係としての"論理"が完全であると言うことの説明を行ない，ゲーデルの完全性定理と呼ばれる定理が言及している"完全性"は，この意味での論理の完全性であることを指摘する．

次に，"情報システム S の上の理論"という概念の定義を与えた上で(今までは，"情報点 x の S における理論"という概念は定義されているが，単なる"S の上の理論"という概念は定義されていないことに注意されたい)，メッセンジャーの集まりが S の上の理論になるための必要十分条件を与える"理論の特徴づけ定理"の説明を行なう．

そして，このようにして定義された理論の中で，十分に多くのメッセンジャーを含み，もはやそれ以上，情報伝達に役立つ理論としては，大きくできない理論を"完全な理論"と呼ぶことにし，多くの理論の中で，完全な理論と完全でない理論とを識別するための1つの基準を与える"完全な理論の特徴づけ定理"の説明をする．

すると，ゲーデルの不完全性定理と呼ばれる定理が言及しているのはこの意味での理論の完全性である．

なお，"理論の特徴づけ定理"と"完全な理論の特徴づけ定理"の証明は付録にまわしてあるので，興味のある読者はそちらを読まれ

§8 論理の完全性と理論の完全性

たい.

まず,完全な情報システム S を用いた情報点 x に関する情報伝達を考えよう.

情報点 x の理論 $M_S(x)$ の中の有限個のメッセンジャー $p_1, p_2, \cdots, p_m$ から S の中で論理的に導かれるメッセンジャー p はこの理論 $M_S(x)$ の中にもともと含まれるものだけである.

というのは,もし,情報点 x の理論 $M_S(x)$ の中の有限個のメッセンジャー $p_1, p_2, \cdots, p_m$ から S の中でメッセンジャー p が論理的に導かれたとすると,"論理的に導かれる"ということの定義から,
$$I_S(p_1) \cap I_S(p_2) \cap \cdots \cap I_S(p_m) \subseteq I_S(p)$$
が成り立つ.

ところが,$p_1, p_2, \cdots, p_m$ は情報点 x の理論 $M_S(x)$ の中のメッセンジャーだから,x はこれらのメッセンジャーの共通の実例になる.したがって,情報点 x は集合
$$I_S(p_1) \cap I_S(p_2) \cap \cdots \cap I_S(p_m)$$
の元である.ゆえに,x は集合 $I_S(p)$ の元にもなる.

これは,x がメッセンジャー p の実例になること,すなわち,p が x の理論 $M_S(x)$ の中のメッセンジャーになることを示している.

そこで,情報点 x の S における理論 $M_S(x)$ の中の有限個のメッセンジャー $p_1, p_2, \cdots, p_m$ が具体的に取れて,理論 $M_S(x)$ が $p_1, p_2, \cdots, p_m$ から S の中で論理的に導かれるメッセンジャーの全体として表わせるとき,

「x の理論 $M_S(x)$ は公理系
$p_1, p_2, \cdots, p_m$ によって公理化された.」

という.

そこで,x の理論 $M_S(x)$ が公理系 $p_1, p_2, \cdots, p_m$ によって公理化されたとすると,情報の送り手はこの公理系

$$p_1, p_2, \cdots, p_m$$

を受け取り手に送る.

x の情報量 $S(x)$ は

$$I_S(p_1) \cap I_S(p_2) \cap \cdots \cap I_S(p_m)$$

であるから,受け取り手は,公理系 $p_1, p_2, \cdots, p_m$ の情報量 $I_S(p_1)$, $I_S(p_2), \cdots, I_S(p_m)$ を計算して,それらの共通部分に情報点 x が入っていると言う情報を得ることになる.

これが,"論理"を用いた情報伝達の例である.この場合,伝えたいと思う情報点の理論をいかに上手に公理化して提示するかが,本質的に重要である.その手段としての論理の重要性もそこに存在する.

ところが,具体的にメッセンジャー $p, p_1, p_2, \cdots, p_m$ が与えられたとき,S の中で

"$p_1, p_2, \cdots, p_m$ から p が論理的に導かれるかどうか"

を判定することが難しいと,情報点の理論を具体的に公理化することが困難になる.

すなわち,"論理"というメッセンジャーの間の関係が分かりにくい関係であったら,この公理化を行なうことが大変難しくなる.

では,

"$p_1, p_2, \cdots, p_m$ から p が論理的に導かれるかどうか"

を判定することが難しいとはどういうことだろうか.

各メッセンジャー $p, p_1, p_2, \cdots, p_m$ の情報量

$$I_S(p), I_S(p_1), I_S(p_2), \cdots, I_S(p_m)$$

が簡単に計算できるなら,これらを計算することにより,

$$I_S(p_1) \cap I_S(p_2) \cap \cdots \cap I_S(p_m) \subseteq I_S(p)$$

という関係が成り立つかどうかも簡単に判定できるはずである.

したがって,

§8 論理の完全性と理論の完全性

"論理が分かりにくい"

という状況は,各メッセンジャーの情報量を計算するのが大変であるという状況を含んでいる.

そのような場合,メッセンジャーの情報量を本当に計算するのはできるだけ少なくしたいと思うのは人情であり,もし,メッセンジャー $p, p_1, p_2, \cdots, p_m$ の情報量を計算しないで,

"$p_1, p_2, \cdots, p_m$ から p が論理的に導かれるかどうか"

が判定できれば,情報伝達という観点から非常に都合のよいことになる.

そこで,各メッセンジャーの情報量が簡単に計算できる情報システムの上の論理や,メッセンジャー $p, p_1, p_2, \cdots, p_m$ の情報量を計算しないで,

"$p_1, p_2, \cdots, p_m$ から p が論理的に導かれるかどうか"

が判定できるような論理をわれわれは"完全な論理"と呼ぶのである.

すなわち,"論理的に導かれる"というメッセンジャーの間の関係がこの意味で"ある程度分かりやすい"とき,

「情報システム S の上の論理は"完全"である.」

というのである.

すると,ゲーデルの完全性定理と呼ばれる定理は,形式化された一部の情報システムの上の論理はある程度分かりやすいものになる,と言うことを主張している定理である.

したがって,ゲーデルの完全性定理が言及している"完全性"は,この意味での"論理の完全性"である.

論理の完全性を説明したので,ついでに"理論の完全性"の説明もしておこう.

理論の完全性を説明するには,今までの"理論"の概念を少し拡

張する必要がある．

　情報システム S における情報点 x の理論 $M_S(x)$ とは，情報点 x がその実例になるようなメッセンジャー p の全体であった．この定義を少し拡張する．

　情報点 x の情報システム S における理論 $M_S(x)$ は，情報点 x に関する情報を運んでいるメッセンジャーを全部集めたものであった．

　そこで，1つの情報点でなく，複数の情報点に関する情報を集めたものを考えたい．そのために，x の S における理論 $M_S(x)$ の定義を思い出してみよう．

　$M_S(x)$ は x を実例とするメッセンジャー p の全体であった．言い替えると，

　　　　　　　「x が $I_S(p)$ に入る．」

が成り立つメッセンジャー p の全体である．

　ところが，x が $I_S(p)$ に入ることと，情報点 x だけを元とする集合 $\{x\}$ が $I_S(p)$ の部分集合になることとは同じであるから，結局，$M_S(x)$ は

　　　　　"$\{x\} \subseteq I_S(p)$ となるメッセンジャー p の全体"

である．

　この事実を一般化して，

　　　　　　"情報点の集合 X の S における理論"

を

　　　　　"$X \subseteq I_S(p)$ となるメッセンジャー p の全体"

と定め，X の S における理論を

$$M_S(X)$$

で表わす．

　そして，情報点の集まり X を用いて $M_S(X)$ の形で表わされる (メッセンジャーの) 集合を

§8 論理の完全性と理論の完全性

"情報システム S の上の理論"

という.

例えば,上で説明したことから,

$$M_S(\{x\}) = M_S(x)$$

という等式が成り立つ.

したがって,1つの情報点 x の S における理論 $M_S(x)$ は情報システム S の上の理論の例である.

また,X が情報点全体の集合 I のとき,情報空間 I の S における理論 $M_S(I)$ は

"$I \subseteq I_S(p)$ となるメッセンジャー p の全体"

である.

ところが,$I_S(p)$ は情報点の集まりだから,

$$I_S(p) \subseteq I$$

が常に成り立つ.

したがって,情報空間 I の S における理論 $M_S(I)$ は

"$I_S(p) = I$ となるメッセンジャー p の全体"

すなわち,

"論理的なメッセンジャー全体"

である.

ここから,

論理的なメッセンジャーの全体 = 情報空間 I の理論

が成り立つ.

したがって,論理的なメッセンジャーの全体は S の上の1つの理論になる.

次に,X として中味のない集合,すなわち,空集合 ϕ をとる.すると,空集合 ϕ の S における理論 $M_S(\phi)$ は

"$\phi \subseteq I_S(p)$ となるメッセンジャー p の全体"

である.

ところが, 空集合はすべての集合の部分集合になるから(理由は付録1),

$$\phi \subseteq I_S(p)$$

がすべてのメッセンジャーpについて成り立つ.

これは

空集合ϕの理論$M_S(\phi)$＝メッセンジャー空間全体

という事実を示している.

したがって, メッセンジャー空間全体もSの上の1つの理論になる.

このように, メッセンジャー空間の多くの部分集合が情報システムの上の理論になる. しかし, メッセンジャー空間のすべての部分集合が情報システムの上の理論になるわけではない.

例えば, 辞書

	p	q	p'	q'
x	○	○	×	×
y	×	○	○	×
z	○	○	×	×

で定まる情報システムSにおいて, 情報空間$\{x, y, z\}$の部分集合は

$$\phi, \{x\}, \{y\}, \{z\}, \{x, y\}, \{y, z\}, \{z, x\}, \{x, y, z\}$$

の8個であり, これらの部分集合のSにおける理論は

$$M_S(\phi) = \{p, q, p', q'\}$$
$$M_S(x) = M_S(z) = M_S(\{z, x\}) = \{p, q\}$$
$$M_S(y) = \{q, p'\}$$
$$M_S(\{x, y\}) = M_S(\{y, z\}) = M_S(\{x, y, z\}) = \{q\}$$

となるから, メッセンジャー空間$\{p, q, p', q'\}$の16個の部分集合の

うち，S の上の理論となるのは
$$\{p,q,p',q'\}, \quad \{p,q\}, \quad \{q,p'\}, \quad \{q\}$$
の4個だけである．

そこで，一般の情報システム S において，そのメッセンジャー空間の部分集合のうち，S の上の理論となる集合を全部求めることが問題になる．

そのために用いるのが次の事実である．

理論の特徴づけ定理 完全な情報システム S において，メッセンジャーの集合 T に関する次の3つの条件は同じ条件である．

(i) T は S の上の理論になる．すなわち，情報点の適当な集まり X を取ると，T は S における X の理論 $M_S(X)$ になる．

(ii) T の情報量 $I_S(T)$ の S における理論が T 自身になる．すなわち，$T = M_S(I_S(T))$ が成り立つ．

(iii) T に入らないメッセンジャー p で，$I_S(T) \subseteq I_S(p)$ となるメッセンジャー p は存在しない．

この定理の詳細に関しては付録2を見られたい．

例えば，上の辞書で定まる情報システム S のメッセンジャーの集合 $\{p',q'\}$ を取ると，$\{p',q'\}$ の S における情報量 $I_S(\{p',q'\})$ は空集合になるから，その S における理論はメッセンジャー空間全体 $\{p,q,p',q'\}$ となる．

したがって，
$$\{p',q'\} \neq M_S(I_S(\{p',q'\}))$$
となり，理論の特徴づけ定理により，$\{p',q'\}$ は S の上の理論でないことになる．

次に、S の上の理論を、メッセンジャーの集合として眺め、その集合としての構造を調べてみよう。

例として、上の辞書で定まる情報システムの上の4個の理論
$$\{p, q, p', q'\}, \quad \{p, q\}, \quad \{q, p'\}, \quad \{q\}$$
を見ると、論理的なメッセンジャー全体からできている理論
$$\{q\}$$
は集合としては最小の理論であり、空集合の理論
$$\{p, q, p', q'\}$$
は最大の理論になる。

この事実は、一般の(完全な)情報システムにおいても正しい。すなわち、完全な情報システム $S = \langle I, M, D \rangle$ の上の理論の中で、論理的なメッセンジャー全体が作る理論
$$M_S(I)$$
は、S の上の理論の中で、メッセンジャーの集合として最小の集合である。

また、空集合 ϕ の理論はメッセンジャー空間 M であるから、当然、S の上の理論の中で、メッセンジャーの集合として最大の集合になる。この理論 M を S の上の
"矛盾した理論"
といい、M 以外の理論を、S の上の
"無矛盾な理論"
という。

そこで、S の上の無矛盾な理論を、メッセンジャーの集合として大きさの順に並べると、それより大きい無矛盾な理論が存在しない理論が出て来る。

例えば、上の辞書で定まる情報システムの上の3個の無矛盾な理論

§8 論理の完全性と理論の完全性

$$\{p, q\}, \quad \{q, p'\}, \quad \{q\}$$

を，集合の大きさの順に並べると

$$\{q\} \begin{matrix} \subseteq \{p, q\} \\ \subseteq \{q, p'\} \end{matrix}$$

となる．

したがって，2つの無矛盾な理論$\{p, q\}$と$\{q, p'\}$は，それより大きい無矛盾な理論が存在しない無矛盾な理論である．

このような理論，すなわち，情報システムSの上の無矛盾な理論で，それよりも大きい無矛盾な理論が存在しないような理論を

"Sの上の完全な理論"

という．

上の例では，$\{p, q\}$と$\{q, p'\}$が完全な理論になる．

与えられた無矛盾な理論が完全になるかどうかを判定するための基準を与えるものとして次の事実がある．

> **完全な理論の特徴づけ定理** 否定が自由に取れる完全な情報システムSの上の無矛盾な理論Tに関する次の3つの条件は同じ条件である．
> (ⅰ) Tは完全である．
> (ⅱ) Tは1つの情報点のSにおける理論になる．
> (ⅲ) Tに入らないメッセンジャーの否定は常にTに入る．

この定理の証明は付録3を見られたい．

一般に，情報システムSの上の理論とは，適当な情報点の集合Xを取って，XのSにおける理論$M_S(X)$として表わせるメッセンジャーの集合であった．そのような理論のなかで，Xとして空でない集合が取れるのが無矛盾な理論である．

そのような無矛盾な理論のなかで，X として 1 つだけの情報点からなる集合が取れる理論が完全な理論であることを，この定理は述べている.

すると，ゲーデルの不完全性定理と呼ばれる定理は，

「自然数論がある程度展開できる理論で具体的に公理化できる理論は不完全になる.」

という定理であり，この定理が言及している完全性はこの意味での理論の完全性である.

以上から，情報システムの上の理論とは，ある特定の性質を持つ(メッセンジャーの)集合であるのに対して，情報システムの上の論理とは，メッセンジャーの間に成り立つ特定の関係であり，両者はまったく異なるものであることをお分かり頂けたと思う.

ところが，情報システム S が次の§で説明する論理的な操作と呼ばれる操作をいくつか持つと，本来別物である理論と論理の間に 1 つの関係が生じる.

それが，次の§で説明する"論理の特徴づけ定理"である.

§9 論理的な操作と論理の理論による特徴づけ

2 つのメッセンジャーの間の関係として，"否定"という関係を説明し，"否定"が必ずしも自由には取れない完全な情報システムから，"否定"が自由に取れる情報システムを作り出す方法を説明した.

この§では，3 つのメッセンジャーの間の同様な"関係"を考察し，そのような関係をいくつか持つ情報システムでは，本来別物である理論と論理の間に 1 つの関係が生じることを説明する.

以下，完全な情報システム

$$S = \langle I, M, D \rangle$$

§9 論理的な操作と論理の理論による特徴づけ

を考える. M の中の3つのメッセンジャー p, q, r について, $I_S(p)$ と $I_S(q)$ の共通集合が $I_S(r)$ になるとき, すなわち,

$$I_S(p) \cap I_S(q) = I_S(r)$$

が成り立つとき

「r は p と q の "連言" である.」

という.

同様に, 有限個のメッセンジャー $p_1, p_2, \cdots, p_m$ とメッセンジャー p について,

$$I_S(p_1) \cap I_S(p_2) \cap \cdots \cap I_S(p_m) = I_S(p)$$

が成り立つとき

「p は $p_1, p_2, \cdots, p_m$ の "連言" である.」

という.

もちろん, メッセンジャー空間 M の中の任意の2つのメッセンジャーに対して, それらの連言となるメッセンジャーが M の中に常に存在すれば, 当然, メッセンジャー空間 M の中の有限個のメッセンジャー $p_1, p_2, \cdots, p_m$ に対して, それらの連言となるメッセンジャーが M の中に常に存在する.

そこで, 情報システム S の中の2つのメッセンジャーに対して, それらの連言となるメッセンジャーが S の中に常に存在するとき,

「S で連言が自由に取れる.」

と呼ぶことにする.

次に, 否定の場合と同様に, 与えられた情報システムから, 表現能力は同じで, しかも, 連言が自由に取れる情報システムを作る方法を次に説明する.

話を簡単にするために, x, y の2つの情報点を持つ情報空間 I, p, q, k の3つのメッセンジャーを持つメッセンジャー空間 M と次の辞書 D

	p	q	k
x	○	×	○
y	×	○	○

からできる情報システム $S=\langle I, M, D\rangle$ を考える.

次に,新しいメッセンジャー p', q', k' を用意し,新しい辞書 D' を,辞書 D に,新しいメッセンジャーの列を付け加え,その辞書において,p' は p と q の連言,q' は q と k の連言,k' は k と p の連言の関係になるようにする.すなわち,辞書 D' を

	p	q	k	p'	q'	k'
x	○	×	○	×	×	○
y	×	○	○	×	○	×

とし,情報システム S' を

$$\langle\{x, y\}, \{p, p', q, q', k, k'\}, D'\rangle$$

とすると,新しい情報システム S' においては,もともとあるメッセンジャー p, q, k に対しては,それらの連言が

"p と q の連言は p'",

"q と k の連言は q'",

"k と p の連言は k'",

に取れるから,情報システム S の中のメッセンジャーの連言が情報システム S' の中に存在する.そこで,同じ操作を,今度は新しい情報システム S' に対して行なうと,情報システム S' の中のメッセンジャーの連言がその中に存在する情報システム S'' が作れる.

この操作を無限回行なうと,無限に長い行を持った辞書 D^* ができる.そして,その辞書で定まる情報システム S^* は,その中で連言が自由に取れる情報システムになる.

§9 論理的な操作と論理の理論による特徴づけ

なお,
$$S(x) = \{x\} = S'(x)$$
$$S(y) = \{y\} = S'(y)$$
が成り立つから,情報システム S と S' は同じ表現能力を持つことに注意すれば,情報システム S と S^* も同じ表現能力を持つことが分かる.

また,上の操作で,情報システム S のメッセンジャーの連言が自由に取れる情報システム S' を作り,次に,S' のメッセンジャーの否定が自由に取れる情報システム S'' を作り,さらに,S'' のメッセンジャーの連言が自由に取れる情報システム S''' を作り,というようにしていくと,最終的には,否定も連言も自由に取れる情報システムで同じ表現能力を持つものが作れる.

これまでに,否定と連言というメッセンジャーの間の関係を考察したが,さらに,"選言"と"含意"と呼ばれる関係を考える.

そのために,情報空間 I の2つの部分集合 X, Y について
$$X \subseteq Y$$
$$X \cap Y = X$$
$$X \cup Y = Y$$
$$X \cap Y^c = \phi$$
$$X^c \cup Y = I$$
は,すべて,図

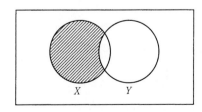

において,斜線部分が空集合になることを意味しているから,X と Y の条件として同じ条件である.

そこで,この最後の等式の左辺を,集合 X と Y の "含意集合" と呼び,
$$X \to Y$$
で表わす(下図参照).

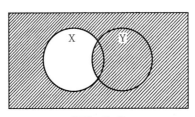

図 10 $X \to Y$

すなわち,
$$X \to Y = X^c \cup Y$$
であり,$X \subseteq Y$ と $X \to Y = I$ は,X, Y の条件として同じ条件になる.この事実

| 集合に関する演繹定理 $X \subseteq Y \Leftrightarrow X \to Y = I$ |

は,論理計算において重要である.

そこで,3つのメッセンジャー p, q, r について,$I_S(p)$ と $I_S(q)$ の合併集合が $I_S(r)$ になるとき,すなわち,
$$I_S(p) \cup I_S(q) = I_S(r)$$
が成り立つとき

「r は p と q の "選言" である.」

という.

同様に $I_S(p)$ と $I_S(q)$ の含意集合が $I_S(r)$ になるとき,すなわち

§9 論理的な操作と論理の理論による特徴づけ

$$I_S(p) \to I_S(q) = I_S(r)$$

のとき,

「r は p と q の"含意"である.」

という.

すると, 否定や連言の場合と同様に, 情報システム S が与えられたとき, その情報システムから同じ情報空間を持つ情報システム S^* で,

(ⅰ) S と S^* は同じ表現能力を持つ.

(ⅱ) S のメッセンジャーは全部 S^* のメッセンジャーになる.

(ⅲ) S^* では, 否定, 連言, 選言, 含意が自由に取れる.

を満たすものが作れる.

そこで, 初めから情報システム S はその中で, 否定, 連言, 選言, 含意が自由に取れると仮定することにする.

いま, S の中の各メッセンジャー p, q に対して,

p の否定(の1つ),

p と q の連言(の1つ),

p と q の選言(の1つ),

p と q の含意(の1つ),

を対応させる操作を,

"$\neg$", "$\wedge$", "$\vee$", "$\to$"

で表わし, それぞれ, "否定", "連言", "選言", "含意" と呼ぶ.

したがって, メッセンジャー p に否定という操作を施して得られるメッセンジャーは

$$\neg(p)$$

p と q に連言という操作を施して得られるメッセンジャーは

$$\wedge(p, q)$$

p と q に選言という操作を施して得られるメッセンジャーは

$$\vee(p, q)$$

p と q に含意という操作を施して得られるメッセンジャーは

$$\to(p, q)$$

となる．

しかし，通常

$\neg(p)$ 　は　$\neg p$ 　で
$\wedge(p, q)$ 　は　$p \wedge q$ 　で
$\vee(p, q)$ 　は　$p \vee q$ 　で
$\to(p, q)$ 　は　$p \to q$ 　で

表わす．

もちろん，これらの操作を何回も組み合わせていろいろなメッセンジャーを指定できる．

例えば，p と q が M の中のメッセンジャーの時，p に操作 "$\neg$" を行なって得られるメッセンジャーは

$$\neg p$$

p と q に操作 "$\wedge$" を行なって得られるメッセンジャーは

$$p \wedge q$$

この 2 つに操作 "$\to$" を行なって得られるメッセンジャーは

$$(\neg p) \to (p \wedge q)$$

のようになる．

すると，各メッセンジャーの情報量とこれらの操作との間にはいろいろな関係が成り立つ．

例えば，どんなメッセンジャー p をとっても，p の否定と p 自身との連言

$$(\neg p) \wedge p$$

はこの"論理"という順序のもとで最も強いメッセンジャー，すなわち矛盾したメッセンジャーになるし，p の否定と p 自身との選言

§9 論理的な操作と論理の理論による特徴づけ

$$(\neg p) \vee p$$

はこの"論理"という順序のもとで最も弱いメッセンジャー, すなわち論理的なメッセンジャーになる.

この, 否定, 連言, 選言, 含意のように, メッセンジャーにメッセンジャーを対応させる(メッセンジャー空間 M の上の)操作で, 等値なメッセンジャーを保存するものを

"論理的な操作"

という. (ただし, 有限個のメッセンジャー $p_1, p_2, \cdots, p_n$ に1つのメッセンジャー p を対応させる操作 f が等値なメッセンジャーを保存するとは, p_1 と q_1, p_2 と q_2, $\cdots$, p_n と q_n が等値ならば, f により対応させられたメッセンジャー

$$f(p_1, p_2, \cdots, p_n) \quad \text{と} \quad f(q_1, q_2, \cdots, q_n)$$

も常に等値になることである.)

すると, 上で説明したように情報システム S のメッセンジャーの間に様々な"論理的な操作"が入っていると, S の上の論理は複雑で変化に富んだものになる.

例えば, 有限個のメッセンジャー $p_1, p_2, \cdots, p_n$ と1つのメッセンジャー p について, $p_1, p_2, \cdots, p_n$ の連言

$$p_1 \wedge p_2 \wedge \cdots \wedge p_n$$

と p との含意

$$(p_1 \wedge p_2 \wedge \cdots \wedge p_n) \to p$$

が存在すると仮定する.

すると,

$$p_1, p_2, \cdots, p_n \vDash_S p$$

の定義は

$$I_S(p_1) \cap I_S(p_2) \cap \cdots \cap I_S(p_n) \subseteq I_S(p)$$

であり,

$$I_S(p_1) \cap I_S(p_2) \cap \cdots \cap I_S(p_n) = I_S(p_1 \wedge p_2 \wedge \cdots \wedge p_n)$$
であるから,
$$p_1, p_2, \cdots, p_n \vDash_S p$$
と
$$I_S(p_1 \wedge p_2 \wedge \cdots \wedge p_n) \subseteq I_S(p)$$
は, $p_1, p_2, \cdots, p_n, p$ の条件として同じものである.

一方, 集合に関する演繹定理から
$$I_S(p_1 \wedge p_2 \wedge \cdots \wedge p_n) \subseteq I_S(p)$$
と
$$I_S(p_1 \wedge p_2 \wedge \cdots \wedge p_n) \to I_S(p) = I$$
とは同じ条件になる.

ところが,
$$I_S(p_1 \wedge p_2 \wedge \cdots \wedge p_n) \to I_S(p) = I_S(p_1 \wedge p_2 \wedge \cdots \wedge p_n \to p)$$
であるから, 結局
$$p_1, p_2, \cdots, p_n \vDash_S p$$
と
$$I_S(p_1 \wedge p_2 \wedge \cdots \wedge p_n \to p) = I$$
は同じ条件になる.

ここから,

> **メッセンジャーに関する演繹定理** 連言と含意が自由に取れる情報システム S において, $p_1, p_2, \cdots, p_n$ から p が論理的に導かれることと, メッセンジャー
> $$(p_1 \wedge p_2 \wedge \cdots \wedge p_n) \to q$$
> が論理的なメッセンジャーになることとは同じことである.

を得る.

この定理を書き直すと,"論理"というメッセンジャーの間の関

§9 論理的な操作と論理の理論による特徴づけ

係と,論理的なメッセンジャー全体が作る特定の理論 $M_S(I)$ との間に次のような事実が成り立つことが分かる.

> **論理の特徴づけ定理** 連言と含意が自由に取れる情報システムにおいては,メッセンジャー $p_1, p_2, \cdots, p_n$ と p の間に"論理的に導かれる"という関係が成り立つことと,これらのメッセンジャーに連言と含意を施して得られるメッセンジャー $(p_1 \wedge p_2 \wedge \cdots \wedge p_n) \to q$ が情報空間 I の理論 $M_S(I)$ に入ることとは同じことである.

したがって,与えられたメッセンジャー $p_1, p_2, \cdots, p_n$ と p の間に"論理的に導かれる"という関係が成り立つか,成り立たないかを判定するには,これらのメッセンジャーに連言と含意を施して得られるメッセンジャー $(p_1 \wedge p_2 \wedge \cdots \wedge p_n) \to q$ が理論 $M_S(I)$ に入るかどうかを判定すればよいことになる.

このことから,

"論理が分かる"="情報空間 I の理論 $M_S(I)$ が分かる"

という等式が得られる.

そこで,この等式の両辺から,"が分かる"という言葉を取ると

"論理"="情報空間 I の理論 $M_S(I)$"

という等式になる.

これが,

「論理とは,論理的なメッセンジャーの全体である.」

という誤解が生じた原因であると筆者は思う.

第2章

心の働きと情報システム

　人間を，外部からの情報を取り入れ，保存し，伝達する情報処理機械であるとみなすと，人間の心の働きは，情報システムによる情報の表現，保存，伝達の働きと同じものであると考えられる．

　多分，人間という情報処理機械は，その内部に多くの情報システムとそれらの情報システムの上の多くの理論を持ち，それらを用いて情報処理の作業を行なっているのであろう．

　本章では，人間内部のそのような情報システムと，人間の内部にある内部記憶装置上のデータの構造との関係について考えてみる．

§1 "見る"ことと"思う"こと

　外界からの情報は刺激として物理的にわれわれにもたらされる．それらの刺激は，目，耳，鼻，皮膚，舌といった部分にある感覚器官によって物理的に捉えられ，多分，神経細胞を中継にして脳に伝えられ，見えたり，聞こえたり，臭ったり，触れたり，味わったりするという知覚が生じるのであろう．すなわち，外界からの情報は刺激によってもたらされ，知覚として捉えられる．したがって，知覚が捉える情報は，いま現在の刺激から来る情報，すなわち生の情報である．

　例えば，テニスの試合を観戦しているとき，今，眼の前で行なわ

§1 "見る"ことと"思う"こと

れているテニスの試合の情報が,視覚や聴覚によって捉えられるのである.

人間を適当な入出力装置,制御装置,記憶装置を持った情報処理用の機械であると考えると,外界からの刺激はそれぞれ入力データとして人間という機械に取り入れられる.

すると,これらのデータは制御装置において適当な処理を加えられた上で,内部にある出力装置に出力され,知覚が生じる.

知覚は本来,その人間固有のものであり,本人以外にそれを体験することはできないはずである.(他人の痛みを体験できる人間は存在しない.)そこで,この知覚を出力する内部出力装置(その装置を所有する人間という機械専用の出力装置)を

"内部ブラウン管"

と呼ぶことにし,この内部ブラウン管上の映像(イメージ)が知覚像であるとみなすことにしよう.

すると,外部からの刺激がもたらすデータは制御装置を経て,内部ブラウン管上に映像を結ぶ.これが知覚像である.

もし,この知覚像(を描き出したデータ)が機械としての人間の中に記憶として保存されなければ,それはわれわれにとって存在しない情報である.

もし,この知覚像が機械としての人間の内部の記憶装置の中に保存されれば,別の機会に,その保存してあるデータを呼び出すことにより,再びその映像を内部ブラウン管上に描き出すことができる.この現象をわれわれは

"思う"

といい,この"思う"ことにより得られる映像を

"思い"

という.

例えば，視覚という知覚によって得られる内部ブラウン管上の映像が

"見え"

であるのに対して，記憶を呼び起こして得られる内部ブラウン管上の映像(イメージ)が

"思い"

である．

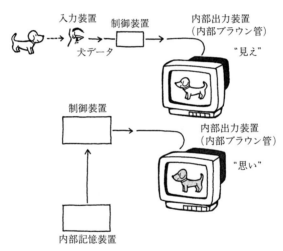

図11 "見え"と"思い"の違いを示す図

したがって，"見え"はいま現在あるものについての見えであるのに対して，"思い"は現在ないものについての思いである．さっき見せられ，今はもはや見ることのできない絵について思ったり，過ぎ去ってしまった昔のことや，未だ来ない未来のことを思うのである．あるいは，過去と未来を混ぜこぜにして思ったり，過去にも未来にも存在しないものについてさえ思うことができるのである．

すなわち，"思い"は"見え"よりもはるかに自由度のたかい心の働きである．

われわれの記憶装置上の記憶を豊かにするのは，これらの"見え"や"思い"である．

§2 生の辞書データから作られる内部言語

外部からの刺激が内部ブラウン管上に描き出した映像がデータとして内部の記憶装置に保存されなければ，当然，その情報は残らない．

もし，そのデータが記憶装置にそのままの形で（制御装置による介入を受けないで）保存されれば，そのデータを呼び起こすことにより，同じ像を内部ブラウン管上に再び描くことができる．

しかし，そのためには，保存されているデータが変質しないという条件がつく．残念ながらわれわれの記憶装置は余りできが良くない．（もちろん個人差はあるが．）外部，内部のいろいろな干渉を受けてデータは時間とともに衰弱して消滅したり，部分的に欠落したり，場合によってはまったく別のデータに化けてしまったりする．

したがって，データを安定した状態で保存するためには，知覚データを保存するだけでは駄目であり，それを何度か呼び出して内部ブラウン管に映像を結ばせ（すなわち，"思い"），データをリフレッシュさせる必要がある．すなわち，何度か思い出すことにより，データはより安定するのである．

このようにして，安定した映像を結ぶようになったデータを
$$\text{"辞書データ"}$$
と呼ぶ．

例えば，"白い雪"の映像が内部ブラウン管上に描かれたとすれば，それは，多分

第2章 心の働きと情報システム

「"雪"は"白い".」

という辞書データを呼び出すことによって得られた映像であろう.

この場合,注意しなければいけないことは,この辞書データを構成している2つの部分データ,"雪"と"白い"は辞書データではないということである.

"雪"も"白い"も多分,内部記憶装置上に保存されたデータであろうが,これらのデータを単独に呼び出しても,内部ブラウン管上にはきちんとした映像は結ばないであろう.というのは,"白い"とか"冷たい"とかいう性質と結びつかない"雪"そのものが内部ブラウン管上に映像を結ぶとは考えられないし,"雪"とか"塩"のようなモノと結びつかない"白さ"そのものが内部ブラウン管上に映像を結ぶとは考えられないからである.

このようにして,単独では映像を結ばないデータをいくつか組み合わせることにより辞書データはできているものと思われる.

辞書データには,外界からの刺激をそのままデータとして内部の記憶装置に保存することによって得られたデータもあれば,何度かデータを呼び出すごとに,制御装置の働きかけを受けて(思考と呼ばれる働き)編集され,体系化されたデータもある.

このように,データにも,思考の影響を受けない,いわば生のデータもあれば,思考の影響の下に加工されたデータもある.

これらのデータのうちで,データを呼び出すごとに常に安定した映像を内部ブラウン管上に結ぶデータの組み合せが辞書データである.

例えば,赤ん坊が初めて外界から取り入れる情報はこの生の辞書データである.生まれて初めて犬を見た赤ん坊は,その犬の強烈なイメージを辞書データ(犬そのもののデータではなく,形,大きさ,色等に関するデータと組になった辞書データであることに注意)と

§2 生の辞書データから作られる内部言語

して保存するであろう.

それから,いろいろな犬に出会うたびに,それぞれの犬の辞書データが蓄えられる.このようにして,個々の犬のデータが蓄積されるが,このままの状態では,それらのデータの間の関係はつけられていない.

辞書データがある程度たまると,それらのデータを整理する作業が制御装置によって行なわれる.多くの辞書データの中の共通部分を取り出して(辞書データはいくつかのデータの組み合せであることに注意),それらを一まとめにして新しいデータを作り保存する.

例えば,多くの個々の犬のデータから,それらの犬が共通に持っている性質を取り出すことにより,"犬"一般のデータができる.この"犬"一般のデータが(犬だけが本質的に持つとみなされる性質のデータの組み合せとして)内部ブラウン管上に描くイメージが"犬"一般のイメージである.

この作業をよくみてみると,辞書データを整理することは,辞書データを分解して情報を保存するための入れ物を作ること,すなわち,情報システムを作ることと同じであるとみなせる.

そこで,個々の人間という情報処理機械の中の内部記憶装置上に蓄えられた辞書データを分解して得られる情報システムを

"内部言語"

と呼び,この§では,内部言語と呼ばれる情報システムが,辞書データの分解により,どのように得られるかを説明する.そして,次の§で,内部言語の上の理論により,辞書データがどのように整理され,その整理の場面で"概念"がどのような役割をするかを説明する.

まず,赤ん坊が外界から得た生の辞書データ

「この犬はワンワンなく.」

「あの猫はニャーニャーなく.」
　　　⋮

を，情報点

「この犬」,「あの猫」,…

とメッセンジャー

「ワンワンなく」,「ニャーニャーなく」,…

に分解し，ます目

	ワンワンなく		ニャーニャーなく	
この犬				
あの猫				

に○か×を書き込んで辞書を作る.

この時，辞書データ

「この犬はワンワンなく.」

「あの猫はニャーニャーなく.」

　　　⋮

は生の辞書データであるから，見えたまま，ありのままの外界の姿を映している．したがって，このような生の辞書データに，間違ったデータがでて来るはずはない．

　ということは，上のます目において，これらの生の辞書データに対応するます目には，当然○が書かれる．

　すなわち

§2 生の辞書データから作られる内部言語

	ワンワンなく		ニャーニャーなく	
この犬	○			
あの猫			○	

となる.

次に,「この犬」の行と「ニャーニャーなく」の列が交わってできるます目を制御装置は○か×で埋めようとする.このとき,記憶装置の中に「ニャーニャーとこの犬がないた」という記録がないことを根拠に,このます目には×が書かれる.

同様に,「あの猫」の行と「ワンワンなく」の列が交わってできるます目にも記号×を書かざるを得ない.

したがって,上の図は

	ワンワンなく		ニャーニャーなく	
この犬	○		×	
あの猫	×		○	

となる.

すると,この図を辞書として用いる限り,

　　情報点「この犬」とメッセンジャー「ニャーニャーなく」,

　　情報点「あの猫」とメッセンジャー「ワンワンなく」

はこの辞書により,マッチングしないことになる.

このことは，この辞書により，これらの情報点とメッセンジャーでできる新しい辞書データ

　「あの猫はワンワンなく.」

　「この犬はニャーニャーなく.」

が，われわれ個々の人間の内部の記憶装置上に作り出され，しかも，これらの辞書データは，

"間違った辞書データ"

として保存されることを意味している.

　このようにして，外界の"ありのまま"の姿を写している生の辞書データは，常に

"正しい辞書データ"

であるのに対して，これらを基にして"内部言語"と呼ばれる情報システムを作ると，間違った辞書データも生産されるのである.

　また，大抵の場合，蓄積された辞書データはそれほど多くはないから，その辞書データを基にしてできる辞書は，○も×も書いてないます目を持つ不完全な辞書になるであろう．したがって，そのような不完全な辞書からできる情報システムも当然不完全なものになり，そのシステムを用いた情報の表現，保存，伝達は複雑になるであろう.

　そこで，このような場合，われわれは，辞書の中の空白のます目を適当に○か×で埋めて，完全な辞書にし，その完全な辞書からできる内部言語を(仮に)用いるのであろう.

　すると，この結果，真偽が本当は不明であるにもかかわらず，"正しい"，"間違い"という判断が強引に行なわれて保存される辞書データがでて来る.

　このような辞書データを，

"内部言語を作る過程でねつ造された辞書データ"

と呼ぶことにする．

以上の説明から，正しい辞書データである，生の辞書データを基にして内部言語を作ると，その内部言語が内部記憶装置上にできたことから，その記憶装置上に，"間違った辞書データ"や"ねつ造された辞書データ"が蓄えられることをご理解頂けたと思う．

そして，われわれは，そのようにしてできあがった内部言語を用いていて不都合がなければ，そのまま使い続けるし，もし，不都合が生じれば，その時に，辞書のでっちあげた部分の再検討をするのであろう．

帰納的推論と呼ばれる人間の思考の活動は，このような辞書のねつ造の部分に関係するのであろう．

この§で説明した内部言語は，生の辞書データを基にして作られた，最も基本的な内部言語である．

一方，内部言語ができると，その内部言語を利用して，データの整理が行なわれ，新しいデータが作られる．すると，その新しいデータを，もともとのデータや，新しいデータと組み合わせて新しい辞書データができる．この新しい辞書データから，新しい内部言語ができ，その新しい内部言語を用いて，さらに新しいデータ，新しい辞書データ，そして，さらに新しい内部言語，というふうに，われわれの思考の活動は進んでいく．

そこで，次の§では，内部言語を用いてデータの整理がどのように行なわれ，そこから新しいデータがどのようにして作られるかを説明する．

§3 内部言語上の理論としての概念

この§では，内部言語上の理論を用いてデータの整理が行なわれ，"概念"と呼ばれる新しいデータができることを説明する．

われわれは，内部言語上の理論というメッセンジャーの集まりを1つのデータとして内部記憶装置に保存したものが"概念"であると考えたいのである．

このことを説明するために具体的な例を取り上げる．いま，動くものに関する多くの辞書データがあったとする．その中には今までに見たことのあるいろいろな動くもののデータが入っている．今までに見たことのある個々の犬や猫，人間のデータが入っている．

例えば，個々の犬 A, B, C, … の辞書データ

「Aは4本足である．」

「Bは4本足である．」

「Cは4本足である．」

「Aは尻尾がある．」

「Bは尻尾がある．」

「Cは尻尾がある．」

「Aはワンワンとなく．」

「Bはワンワンとなく．」

「Cはワンワンとなく．」

⋮

が入っているであろう．

そこで，この辞書データを分解して，内部言語と呼ばれる情報システムを作る．

例えば，個々の犬 A, B, C, … に関する上の辞書データを，情報点

A, B, C, …

と，メッセンジャー

「4本足である．」

「尻尾がある．」

§3 内部言語上の理論としての概念

「ワンワンとなく.」
　　　⋮

とに分解して内部言語を作る.

次に, この内部言語上の理論 T をとる.

例えば, 個々の犬 A, B, C, … という情報点の全体の理論 $M(犬)$ をとると, 理論 $M(犬)$ は, A, B, C, … の犬が共通に持っている性質を表わすメッセンジャー全体の集まりになる.

そして, この情報システムの中の情報空間の中の情報点である個個の犬, A, B, C, … の中に, その理論が犬全体の理論 $M(犬)$ と一致するものは存在しないであろう. 言い替えると, 犬全体が持つ性質だけを持ち, それ以外の余計な性質を持たない, いわば理想的な "犬" はこの情報システムの情報空間の中にはないであろう.

しかし, そのような理想的な "犬" が満たすべき性質のデータは (メッセンジャーの集まりとして) 記憶装置上に存在する.

そこで, われわれ人間という機械の制御装置は, 新しい情報点を作り出す. 理論 $M(犬)$ のモデルとなる理想的な "犬" のデータを作りだし, そのデータを呼び出すと, 内部ブラウン管上に理想的な犬 (現実には存在しない) のイメージが描き出される.

このようにして得られた理想的な "犬" のデータが "犬" 一般の
$$"概念"$$
である.

この, "犬" 一般の "概念" が得られると, この概念と犬の理論 $M(犬)$ を構成しているメッセンジャー

「4本足である.」

「尻尾がある.」

「ワンワンとなく.」
　　　⋮

や，メッセンジャー
　　「犬である．」
とから，新しい辞書データ
　　「犬は4本足である．」
　　「犬は尻尾がある．」
　　「犬はワンワンとなく．」
　　　　　⋮
と
　　「Aは犬である．」
　　「Bは犬である．」
　　「Cは犬である．」
　　　　　⋮
が得られる．
　この場合，元々の辞書データ
　　「Aは4本足である．」
　　「Bは4本足である．」
　　「Cは4本足である．」
　　「Aは尻尾がある．」
　　「Bは尻尾がある．」
　　「Cは尻尾がある．」
　　「Aはワンワンとなく．」
　　「Bはワンワンとなく．」
　　「Cはワンワンとなく．」
　　　　　⋮
は，"犬"という概念によって，
　　「犬は4本足である．」
　　「犬は尻尾がある．」

§3 内部言語上の理論としての概念

　「犬はワンワンとなく.」
　　　　⋮

と

　「Aは犬である.」
　「Bは犬である.」
　「Cは犬である.」
　　　　⋮

に整理されたことになる.

　これがわれわれがこの本で考える,概念によるデータの整理,体系化の例であり,概念はその概念を産みだした元々の情報点を一まとめにする働きがある.

　例えば,上の犬の例でいえば,"犬"という概念は,多くの動物の中で,A, B, C, … という個々の犬を他のものから区別する境界線の働きをする.この境界線の中のものをこの概念の

"外延"

という.したがって,"犬"という概念の外延は犬の全体である.

　また,内部言語上の理論を概念として対象化することにより,外部の刺激からのデータでない新しいデータが得られたことになる.すなわち,知覚によらず,"思い",あるいは思考のみにより新しいデータが得られるのである.

　これが"思い"により得られた新しいデータである.

　この新しいデータをもとにして新しい辞書データができると,この新しい辞書データを用いて新しい内部言語が作られる.この場合,新しく作られた"概念"というデータは,情報点にも,メッセンジャーにも使われる.

　例えば,新しい辞書データ
　「犬は4本足である.」

「犬は尻尾がある.」
　「犬はワンワンとなく.」
　　　⋮

を,情報点「犬」とメッセンジャー

　「4本足である.」
　「尻尾がある.」
　「ワンワンとなく.」
　　　⋮

に分解して新しい内部言語を作るときは,新しいデータとしての概念"犬"は情報点として用いられるし,新しい辞書データ

　「Aは犬である.」
　「Bは犬である.」
　「Cは犬である.」
　　　⋮

を,情報点 A, B, C, … とメッセンジャー「"犬"である.」に分解して新しい内部言語を作るときは,新しいデータとしての概念"犬"はメッセンジャーとして用いられる.

§4　辞書データの分解と内部言語

　今まで,辞書データを分解して内部言語ができることを説明してきた.その場合,辞書データの分解の方法に関する議論はできるだけ避け,最も単純な分解だけを用いてきた.この§では,辞書データの分解の仕方そのものを考察の対象にする.すると,同じ辞書データでも,いろいろな分解の仕方があり,その分解の仕方をいろいろかえることにより,いろいろな内部言語ができる.

　辞書データの分解の仕方を検討するには,辞書データの構造をまず調べる必要がある.

§4 辞書データの分解と内部言語

1つの辞書データは,いくつかのデータの組み合せであることをいままで説明してきた.

例えば,

$$\text{「"雪"は"白い".」}$$

という辞書データは,2つの概念,"雪"と"白い"というデータからできている.

しかし,この辞書データは,2つの概念"雪"と"白い"だけからできているわけではない.というのは,この2つの概念"雪"と"白い"をどのように組み合わせるかを決めないと,辞書データはできないからである.

すなわち,辞書データ

$$\text{「"雪"は"白い".」}$$

は,2つの概念"雪"と"白い"が,

$$\text{"雪"-----は-----"白い"}$$

のように配置されてできており,その間に入る"は"という助詞はこの2つの概念というデータの配置の様子を示す印である.

これは,内部記憶装置上に,"雪"という概念と,"白い"という概念がある特定の関係をもって保存されていることを示している.その特定の関係は,やはり,1つのデータとして記憶装置上に保存されている.

辞書データを構成している概念の配置に関するこのようなデータを,その辞書データの

$$\text{"構造データ"}$$

と呼ぶことにする.

すると,辞書データは,概念というデータを,構造データで示された構図にしたがって配置することにより得られる.

すなわち,

辞書データ＝（1つまたは複数の）概念＋構造データ

である（次図参照）．

辞書データ
概念————————————構造データ
（辞書データの線分表示）

そこで，具体的な辞書データ

「"3"は"2"より"大きい".」

を構成している概念と構造データを分析し，この辞書データの分解の方法を具体的に検討することにする．

まず，この辞書データは，3つの概念

"3", "2", "大きい"

と，これらの概念というデータの配置を与える構造データ

「○は◇より□.」

とに分解されるように見える．この場合，構造データの中の○, ◇, □は概念というデータが入る場所を，「は」，「より」はそれらのデータの間の関係を表示している．（"○, ◇, □は概念というデータが入る場所である"ということ，あるいは，"「は」，「より」はデータの間の関係を表示している"ということ自身がデータとして記憶装置上に格納されていることに注意して欲しい．）

しかし，この分解は不十分である．というのは，上の辞書データの中の概念"3"や"2"が自然数の3や2なのか，実数の3や2なのか，あるいは，概念"大きい"が，自然数の大小関係なのか，実数の大小関係なのか，はっきりしないからである．

このように，1つの辞書データを取り扱うときは，その辞書データが言及している世界が何であるかをはっきりさせないといけない．各辞書データが言及している世界を，その辞書データの

"宇宙"

という．

　例えば，具体的な辞書データ
$$\text{「"3"は"2"より"大きい".」}$$
の宇宙が概念"自然数"であるとすると，この辞書データは
　　「"自然数"の"3"は"自然数"の"2"より"自然数"の上の大小
　　関係の意味で"大きい".」
となる．

　したがって，この辞書データは，その宇宙
$$\text{"自然数"}$$
と，その上の3つの概念
$$\text{"3"，"2"，"大きい"}$$
および，構造データ
$$\text{「△の○は△の◇より△の意味で□.」}$$
とで構成されている．

　そこで，"自然数"の上の3つの概念と，この"自然数"という宇宙との組
$$\langle\text{"自然数"，"3"，"2"，"大きい"}\rangle$$
を，この辞書データの
$$\text{"意味構造"}$$
という．

　また，意味構造
$$\langle\text{"自然数"，"3"，"2"，"大きい"}\rangle$$
の中の，"自然数"をこの意味構造の"宇宙"という．

　したがって，この辞書データは，意味構造
$$\langle\text{"自然数"，"3"，"2"，"大きい"}\rangle$$
と構造データ
$$\text{「△の○は△の◇より△の意味で□.」}$$

に分解される.

同様に，もともとの辞書データ

「"3"は"2"より"大きい".」

が自然数を宇宙とする辞書データではなく，概念"実数"を宇宙とする辞書データであると考えると，この辞書データは，正確には

「"実数"の"3"は"実数"の"2"より"実数"の上の大小関係の意味で"大きい".」

となるはずであるから，この辞書データは意味構造

〈"実数", "3", "2", "大きい"〉

と同じ構造データ

「△の○は△の◇より△の意味で□.」

に分解される.

このように，辞書データを意味構造と構造データに分解することを，

"辞書データの完全分解"

という(次図参照).

辞書データ
意味構造――――――構造データ
(辞書データの線分表示)

辞書データの完全分解により得られる内部言語は

	△の○は△の◇より△の意味で□.
$\mathfrak{A}_1$	○
$\mathfrak{A}_2$	○
$\mathfrak{A}_3$	×

のような辞書で定まる情報システムである.

§4 辞書データの分解と内部言語

ここで，$\mathfrak{A}_1, \mathfrak{A}_2, \mathfrak{A}_3$ はそれぞれ意味構造

$$\langle \text{"自然数"}, \text{"3"}, \text{"2"}, \text{"大きい"} \rangle$$
$$\langle \text{"実数"}, \text{"3"}, \text{"2"}, \text{"大きい"} \rangle$$
$$\langle \text{"自然数"}, \text{"2"}, \text{"3"}, \text{"大きい"} \rangle$$

である．

このように，辞書データを意味構造と構造データに分解して得られる内部言語を

"内部構造言語"

という．

この内部構造言語は，辞書データを完全に分解することにより得られる情報システムであるが，そこまで分解を完全に行なわず，部分的な分解をするごとに，それに対応する内部言語ができる．

そのためには，構造データに，概念の一部を組み込んで，いわば，部分構造データを作る必要がある．

例えば，構造データ

「△の○は△の◇より△の意味で□．」

の中の宇宙が入る場所△に，具体的な宇宙として，"自然数"や，"実数"を組み込むと，部分的な構造データ

「"自然数"の○は"自然数"の◇より"自然数"の意味で□．」

「"実数"の○は"実数"の◇より"実数"の意味で□．」

ができる．

さらに，部分構造データ

「"自然数"の○は"自然数"の◇より"自然数"の意味で□．」

の，空いている場所◇，□に，対応する概念"2"，"大きい"，あるいは，概念"3"，"大きい"を，それぞれ組み込むと，2つの部分構造データ

「"自然数"の○は"自然数"の"2"より"自然数"の意味で"大

きい".」

「"自然数"の○は"自然数"の"3"より"自然数"の意味で"大きい".」

ができる.

これらの部分構造データの中の宇宙"自然数"は共通なので省略して書くことにすると，これらの部分構造データは

「○は"2"より"大きい".」

「○は"3"より"大きい".」

のように表わせる.

すると，個々の自然数の概念を情報点(したがって，情報空間は概念"自然数"の外延)とし，これらの部分構造データをメッセンジャーとする情報システムができる. すなわち，辞書

	○は"2"より"大きい"	○は"3"より"大きい"
"3"	○	×
"2"	×	×

で定まる情報システムができる.

この情報システムは，辞書データを，

「宇宙の中の1つの概念と残りの部分構造データに分解する.」

という視点に立って得られる内部言語である.

同様に，辞書データを，

「宇宙の中の2つの概念と残りの部分構造データに分解する.」

という視点に立つと，辞書

§4 辞書データの分解と内部言語

			○は◇より "大きい"
"3", "2"			○
"2", "3"			×

で定まる内部言語ができる．

さらに，辞書データを構成している諸概念のうち，"3","2"といったモノの概念だけではなく，"大きい"といった関係概念にも注目し辞書データを，

「宇宙の上の1つの関係概念と残りの部分構造データに分解する．」

という視点に立つと，辞書

			"3"は"2" より□．
"大きい"			○
"小さい"			×

で定まる内部言語ができる．

また，辞書データを，

「宇宙以外のすべての概念と残りの部分構造データに分解する．」

という視点に立つと，辞書

	○は◇ より□.	
"3", "2", "大きい"	○	
"2", "3", "大きい"	×	

で定まる内部言語ができる.

このようにして, 1つ, あるいは, 複数の概念の組を情報点とし, 部分構造データをメッセンジャーとする内部言語ができる.

これらの内部言語は, 与えられた辞書データをいろいろな視点に立って分解することにより得られた. そして, 最もきびしい視点に立った分解により得られる内部言語が, 内部構造言語と呼ばれる情報システムである.

なお, 内部言語を表示するのに, 縦に情報点(概念, 概念の組), 横にメッセンジャー(部分構造データ, 構造データ)を並べてできる正方形で表わし, これを, "内部言語の正方形表示" という.

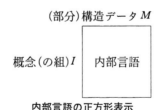

内部言語の正方形表示

また, これまでの例でお分かりのように, 辞書データを分解して得られる内部言語

$$\langle I, M, D \rangle$$

においては, 情報空間 I の中の情報点は, すべて互いに同じ種類のモノでなければならないし, メッセンジャー空間 M の中のメッセ

§4 辞書データの分解と内部言語

ンジャーとしての(部分)構造データも,すべて互いに同じ種類のモノでなければならない.

そうでないと,I の中の情報点と M の中のメッセンジャーからできるはずの辞書データが,無意味になってしまうからである.

例えば,情報空間 I の中に,"3"と"大きい"の両方の概念が入り,メッセンジャー空間 M の中に部分構造データ

「○は"4"より"小さい".」

が入ったとすると,情報点"3"とこの部分構造データから正しい辞書データ

「"3"は"4"より"小さい".」

が構成されるように,情報点"大きい"とこの部分構造データから得られる

「"大きい"は"4"より"小さい".」

を辞書データとして認めざるを得ない.

しかし,これは,"正しい","間違い"が問題になる以前の,無意味なデータの組み合せである.

このような無意味なものが出て来たのは,"3"と"大きい"という異質なものを同じ情報空間に入れたからである.

このようなことが起こらないようにするには,同一の内部言語の中の情報点は互いに同じ種類のモノにする必要があるし,メッセンジャー同士も共通の構造を持つものでなければならない.

内部言語の情報点同士,メッセンジャー同士が同じ種類のモノであるというこの性質を,情報空間,あるいは,メッセンジャー空間の

"同質性"

と呼ぶ.

すると,内部言語を作るとき,情報空間,メッセンジャー空間は

同質になるようにしなければいけないという制限が付くために,自由勝手に大きな内部言語を作ることはできない.

そのために,人間という情報処理機械は,それぞれの目的にあった小さな内部言語を沢山作ることになる.そうすると,それらの小さな内部言語同士が複雑に絡み合って,人間という情報処理機械の内部記憶装置上に鎮座することになる.

こうやってできる,複雑な構造を持ったデータ構造が,次の§で説明する"概念地図"である.

§5 概念地図

外界から直接得られる生の辞書データを素材にして,最も基本的な内部言語ができる.すると,その内部言語上の理論を用いて,データが整理され,概念という新しいデータが作られる.このようにして新しいデータとしての概念を作ることを

"概念化"

という.

また,生の辞書データから作られる内部言語による概念化によって得られた概念を,

"レベル1の概念"

という.

すると,このレベル1の概念を基にして新しい辞書データが作られ,この新しい辞書データを用いて,新しい内部言語ができる.そして,この内部言語による概念化によって新しい概念が生まれる.このようにして得られる概念を

"レベル2の概念"

という.

すると,レベル1の概念やレベル2の概念を用いてさらに新しい

§5 概念地図

辞書データが作られ,それらの辞書データを基にして新しい内部言語ができる.すると,再び,この内部言語による概念化によって

"レベル3の概念"

が得られる.このように,概念化を繰り返すと,次々と高いレベルの概念が構成されていく.

例えば,動くモノに関する生の辞書データから,レベル1の概念として,概念"犬",概念"猫",概念"人間"等ができたとする.すると,これらの概念を用いてできる辞書データを分解して新しい内部言語ができる.この内部言語による概念化により,レベル2の概念(概念の概念)として,"動物"の概念ができる.

これらを図示すると

```
動くモノに関する
生の辞書データ      "あの犬","この猫","その人",……
    (概念化)
                     "犬","猫","人間",……
          (概念化)
                          "動物"
```

となる.

しかも,この各段階で,与えられた辞書データから内部言語を作る作り方は,前§で見たように沢山ある.さらに,情報空間の同質性,メッセンジャー空間の同質性の条件から,小さい内部言語が沢山作られ,しかも,同じ辞書データが異なる分解により,これらの内部言語に取り込まれるから,内部言語同士も,互いに複雑に絡み合う.そして,それらの内部言語のそれぞれの概念化の操作により,新しい概念がそれぞれ生まれ,それらの概念を基にして,さらに内部言語が作られる.

このようにして,人間という情報処理機械の内部記憶装置上には,概念というデータが互いに複雑に絡み合いながら蓄積される.

さらに,それらの概念というデータは,それらを作りだした内部

言語という構造物の中に組み込まれる.

こうして,内部記憶装置上に蓄えられた概念というデータと内部言語という構造物が作り出す構造を

"概念地図"

と呼ぶ.

われわれ人間は,自分自身の概念地図をそれぞれに持っていて,自分専用のこの概念地図を用いて情報処理活動をしているのである.

したがって,人によりその概念地図が異なるから,ある人には"正しい"と判断される情報も,別の人には"間違っている"と判断されることがある.

この概念地図の作り方が旨いか下手かで,情報の効率的な利用ができるかどうか決ってしまう.

また,内部言語を作るとき,ねつ造された辞書データが作られるために,外から入って来る情報と,内部にあるデータとが矛盾してしまうこともでてくる.その時は,そのねつ造した部分を作り直して内部言語を修正するのであろう.

さらに,われわれの記憶装置の不安定さなどから,概念地図の中の概念には境界のはっきりした概念ばかりでなく,ぼやけた境界しか持たない概念もでてくる.しかも,その境界は思考活動を繰り返すうちに変化してくる.

例えば,新しい知覚がどんどん増えて,いままでの枠組みでは旨く整理できなくなることもあるであろうし,いろいろ思い(思考)を重ねた結果,もっと旨い整理の仕方が見つかるかもしれない.

つまり,思考によって,概念地図は変化するのである.

このように,われわれ自身の概念地図は,個人個人生きてきた歴史によって異なるし,個々の概念地図にしても,不断に入って来る知覚や思いの像によって,追加,修正が行なわれる.

§5 概念地図

　すなわち，概念地図は個人個人で異なるだけでなく，同じ人の持っている概念地図も，時間とともに変化してしまう．

　しかし，多くの追加修正が行なわれると，いつしか，概念地図の中に，もはや，少々の追加修正では変化しない，安定した部分ができて来る．

　いわば，

"概念地図の核"

とでも呼ぶべき部分ができて来る．

　例えば，

数, 記号, 図形, 集合

といった数学の概念はこのような概念地図の核を作るのであろう．

　このような安定した概念地図の部分が学問という知識の体系を作るのであろう．

　また，この概念地図の核は，複数の人間という機械の間の情報伝達のための(比較的安全な)情報システムを作るために使われるのである．

　そのような公共的な情報システムの1つが

"言語"

と呼ばれる情報システムである．

第3章 意味伝達用情報システムとしての言語

　前にも述べたように、人間という計算機の記憶装置は甚だ不安定であり、データをなくしたり(忘れる)、混線したり(思い違いをする)といったことが、日常茶飯事に起こる。さらに、その計算機自身がなんらかの原因で壊れてしまえば(精神的な病気にかかる、死亡する)、その計算機自身に蓄積された情報は、完全に消えてしまう。

　そこで、人間という機械の外側に、機械と独立な記憶装置が必要になる。さらに、複数の人間、すなわち、複数の機械の間の情報のやり取りをするためには、それらの仲介となる記憶装置が必要である。

　そのような外部の記憶装置を作ると、内部記憶装置と外部記憶装置にまたがって、両方の記憶装置上に新しい大きな情報システムが、内部言語の上にできる。このようにしてできる情報システムを

"複合言語"

という。

　しかし、この複合言語は、異なる機械としての人間の間の、言葉の意味に関する情報伝達の役には立たない。そのための情報システムは、複合言語の中に、内部言語を含むように作られる。

　そのような意味伝達用の情報システムが

"言語"

と呼ばれる情報システムである．

§1 何を用いて外部記憶装置を作るか

言語を人間という機械の外部記憶装置と内部記憶装置の両方の上で作られる情報システムと考え，複数の人間という機械の間の情報の伝達のための共通の媒体として言語が機能するためには，外部記憶装置を構成しているものが，ある程度，複数の人間の間で共通に取り扱えるものでなければならない．

すなわち，それは，複数の計算機の記憶装置のそれぞれに格納されているデータから構成されており，お互いに，それらのデータがそれぞれのブラウン管に描き出す映像を，それぞれに確認できるものであることが望ましい．もちろん，厳密な意味では不可能であるが，ある程度，その条件に適合するものがある．

それは

"記号"

である．

個々の記号のイメージは，「見る」，「聞く」といった知覚に直接依存する分だけ安定性が抜群であり，異なる機械としての複数の人間の間で共通の映像を持ちやすいのである．もちろん，記号というときには，書かれた記号だけでなく，耳で聞くもの，手でふれるもの，いろいろあり得るのであるが，ここでは，書かれた記号で，記号一般を代表させるつもりである．

記号とは，ある特定の図形である．複数の人間という機械の間で，必要ならばいつでも書くことができ，しかも，お互いにどのような図形を書いたかが，お互いに，確認し合えるような図形を，その複数の人間という機械の間での記号という．

したがって，一度書けても，二度と再現できない図形や，識別できない図形などは，記号ではない．すなわち，具体的に，どの図形が記号になり，どの図形が記号にならないかは，人によって異なるし，複数の人の集まり(社会)によっても異なる．

例えば，筆者にとって，平仮名，カタカナ，アルファベット等は記号であるが，アラビア文字は残念ながら記号ではない．

この本自身も，筆者と読者の間で，平仮名，カタカナ，アルファベットや漢字が記号として用いられるという事実に依存して書かれている．しかし，この場合でも，筆者の内部ブラウン管に描かれるこれらの記号の映像と，読者の内部ブラウン管に描かれる記号の映像とが同じであるという保証は，原理的にありえないのであり，あくまで，同じ映像を持っているかのごとくお互いに振舞っているように見えるということだけである．

§2 言葉とは何か

われわれが外部に記憶装置を作りだした目的は，われわれ自身の内部にある記憶装置に信頼がおけないからであった．内部記憶装置上のいろいろな辞書データは概念というデータの組み合せとして保存されている．

例えば，

$$\text{「"2" は "1" より "大きい".」}$$

という辞書データは，概念地図の中の3つの概念，

$$\text{"2", "1", "大きい"}$$

の組み合せである．

そこで，これらの概念を記号を用いて表わすことを考える．

例えば，"2", "1", "大きい"という3つの概念に，3つの記号

$$A, B, C$$

を割り当てると，上のデータはこの3つの記号の組み合せ

「A は B より C である.」

として表わされる．

　この場合，単に割り当てただけでは何の役にも立たない．この3つの記号がもともとの概念と結びついている必要がある．つまり，記号 A は概念 "2" を，記号 B は概念 "1" を，記号 C は概念 "大きい" を表わすというデータが何処かに保存され，必要なときにいつでも呼び出せなければ意味がない．

　しかし，概念 "2"，"1"，"大きい" も記号 A, B, C (の概念) も，ともに概念地図の中に格納されたデータであり，われわれが見ることができるのは，それらのデータを他のデータと組み合わせて得られる辞書データが内部ブラウン管上に描き出すイメージだけである．

　したがって，これらの概念と記号との関係は，それらが描く内部ブラウン管上のイメージの関係としてしか取り扱えないのである．

　そうだとすると，記号と概念との関係は次のようなものであろうと推察できる．

　まず，外部に与えられた(例えば黒板の上に書かれた)図形を見ると，その図形から得られる刺激が視覚を通して内部ブラウン管上に映像を結ぶ．すると，機械としての人間の制御装置は，概念地図の中のいろいろな内部言語，その上のいろいろな理論を参照してその図形が記号 A であると判断する．

　もちろん，外部から入ってきたのは具体的な1つの図形のイメージであり，それを記号 A と判断したとき，その A は具体的な図形ではなく，記号 A という概念である．(個々の犬を見て，それを犬と判断したとき，前者の犬は具体的な犬であるのに対して，後者の犬は，個々の犬ではなく，"犬" 一般の概念である.)

　この判断により内部ブラウン管上に概念としての記号 A が描き

出される.すると,この記号 A のイメージが1つの引金となって概念"2"のデータが内部ブラウン管上に呼び出される.すなわち,記号 A は内部ブラウン管上に概念"2"を引き出すためのサインになっている.

このように,記号が概念を内部ブラウン管上に呼び出すサインの役割を安定的に(偶然でなく)果たしているとき,そのような記号を
"言葉"
といい,その概念をこの言葉の
"意味"
といい,その記号自身をその言葉の
"名前"
という.

すると,"言葉"は内部記憶装置上のデータとしての"概念"と,外部記憶装置上のデータとしての"記号"の両面を持っている.

そこで,"言葉"を,"概念"と"記号"を結んでできる線分として表示できる.これを,"言葉の線分表示"という(次図参照).

言葉の線分表示

例えば,上の説明では,記号 A が概念"2"を引き出すためのサインになっているとき,記号 A は言葉として機能しており,言葉 A の意味は概念"2",言葉 A の名前は記号 A ということになる.

もちろん,個々の記号が言葉になっているかどうかは,人によって異なるし,同じ人でも時と場所によって異なる.

すると,概念を記号を用いて表わすとは,記号を言葉として用い

§2 言葉とは何か

るということである.

例えば，"2", "1", "大きい"という 3 つの概念に，3 つの記号
$$A, B, C$$
を割り当てて，

「"2"は"1"より"大きい".」

というデータがこの 3 つの記号の組み合せ

「A は B より C である.」

として表わされるということは，記号 A, B, C が言葉として用いられ，しかも，言葉 A, B, C の意味が概念 "2", "1", "大きい" にそれぞれなっているという状況のもとでの話なのである.

なお，われわれは通常，言葉とその意味を区別して意識することはほとんどない．実際，「2」と書いたときに，これが記号（名前）としての 2 なのか，概念（意味）としての 2 なのか区別して考えることはあまりないであろう.

しかし，これからの議論では，言葉の名前としての記号と，その言葉の意味としての概念はきちんと区別しなければならない．そうでないと，これから先の議論はほとんど理解できないことになる.

そこで，以下では，言葉と記号と意味（概念）を，言葉はカギ括弧（「　」）で，記号は二重のアンダーライン（＿）で，意味は二重カギ括弧（『　』）で区別することにする.

例えば，自然数 2 に対して，「2」は言葉としての自然数 2 を，2 は記号としての 2 を，『2』は概念としての（したがって，言葉「2」の意味としての）自然数 2 を表わす.

この関係を，言葉「犬」に関してまとめると，

　本物の犬：あの犬，この犬，外界の実在

　犬の概念『犬』：犬一般，内部記憶装置上のデータ

　記号犬：記号大の右上に点をつけて得られる図形

言葉「犬」＝記号犬＋概念『犬』

となる(次図参照).

言葉の線分表示

ここで, 概念『A』に言葉「A」を対応させることを
"言葉化"
といい, 概念『A』に記号 $\underline{A}$ を対応させることを
"記号化"
という. 例えば,

　　　　　　対応　　『犬』--------------→「犬」

は"言葉化"であり,

　　　　　　対応　　『犬』--------------→犬

は"記号化"である.

すると, "言葉化"は, 内部記憶装置上の"概念"という点を, 内部外部の両方の記憶装置上にまたがっている"言葉"という線分に変換することであり, "記号化"は, 内部記憶装置上の"概念"という点を, 外部記憶装置上の"記号"という点に変換することである(次図参照).

また, 言葉の意味は概念であり, その概念を生み出している本物

ではないことに注意してほしい．

例えば，「犬」という言葉の意味は犬の概念であって，決して本物の犬ではない．したがって，記号<u>犬</u>が言葉として機能するということは，記号<u>犬</u>を見ると，犬の概念が呼び出されるということである．言い替えれば，記号<u>犬</u>が犬の概念を構成しているデータを呼び出し，他のデータと組み合わせて内部ブラウン管上に犬の映像をうかばせる働きをしているということである．

§3 内部言語の言葉化と記号化

辞書データの中の概念をすべて言葉化することを，

"辞書データの言葉化"

という．辞書データの言葉化により得られる言葉の組み合せを

"命題"

という．

そして，正しい辞書データを言葉化して得られる命題が

"正しい命題"

であり，間違った辞書データを言葉化して得られる命題が

"間違った命題"

である．

同様に，辞書データの中の概念をすべて記号化することを，

"辞書データの記号化"

という．辞書データの記号化により得られる記号の組み合せを

"完全概念式"

という．

例えば，

「『雪』は『白い』．」

という正しい辞書データを言葉化すると，正しい命題

「雪は白い.」

が，記号化すると，完全概念式

「雪は<u>白い</u>.」

が得られる．

この場合，問題になるのは，辞書データが

辞書データ ＝ 概念 ＋ 構造データ

と分解されるのに対応して，命題や完全概念式がどのように分解されるかということである．

例えば，辞書データ

「『雪』は『白い』.」

は2つの概念

『雪』，『白い』

と構造データ

「○は◇.」

に分解される．

この構造データは，内部記憶装置上に，『雪』という概念と，『白い』という概念がある特定の関係をもって保存されていることを示しており，それ自身が，やはり，1つのデータとして内部記憶装置上に保存されている．

ところが，外部記憶装置上には，この構造データに対応するものがない．

そのために，外部記憶装置上で用いられるのが "完全述語" である．

すなわち，変数と呼ばれる適当な記号 x と y を用意し，構造データの中の，概念が入る場所を示している部分○と◇をこれらの変数で置き換えて得られる記号の組み合せ

「x は y.」

が，（変数 x, y の）"完全述語"であり，命題

　　　　　　　　　「雪は白い．」

は，2つの言葉

　　　　　　　　　「雪」，「白い」

と完全述語

　　　　　　　　　「x は y．」

に，完全概念式

　　　　　　　　　「<u>雪</u>は<u>白い</u>．」

は，2つの記号

　　　　　　　　　<u>雪</u>, <u>白い</u>

と完全述語

　　　　　　　　　「x は y．」

に分解される．

　すると，辞書データ d を"言葉化"して得られる命題 m と，同じ辞書データ d を"記号化"して得られる完全概念式 e との間には，次の正方形で表示される関係が成り立つ．この正方形を"命題の正方形表示"という．

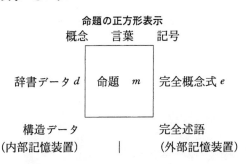

命題の正方形表示

また，辞書データ

　「『自然数』の『3』は『自然数』の『2』より『自然数』の上の

大小関係の意味で『大きい』.」

の意味構造

$$\langle『自然数』,『3』,『2』,『大きい』\rangle$$

を言葉化すると, 言葉の組

$$\langle「自然数」,「3」,「2」,「大きい」\rangle$$

ができるし, 記号化すると, 記号の組

$$\langle \underline{自然数}, \underline{3}, \underline{2}, \underline{大きい} \rangle$$

ができる.

また, この辞書データの構造データ

「△の○は△の◇より△の意味で□.」

の中の場所を表わすデータ△, ○, ◇, □を, それぞれ, 変数 U, x, y, R で置き換えて得られる, U, x, y, R の述語

「U の x は U の y より U の意味で R.」

が,

"完全述語"

である.

すると, 命題

「自然数の 3 は自然数の 2 より自然数の上の大小関係の意味で大きい.」

は

$$\langle「自然数」,「3」,「2」,「大きい」\rangle$$

と完全述語

「U の x は U の y より U の意味で R.」

に分解される.

このように, 命題を分解することを,

"命題の完全分解"

という.

§3 内部言語の言葉化と記号化

同様に，完全概念式

　「<u>自然数</u>の<u>3</u>は<u>自然数</u>の<u>2</u>より<u>自然数</u>の上の大小関係の意味で<u>大きい</u>.」

は

$$\langle \underline{\text{自然数}}, \underline{3}, \underline{2}, \underline{\text{大きい}} \rangle$$

と完全述語

　　　　「U の x は U の y より U の意味で R.」

に分解される．

このように，完全概念式を分解することを，

　　　　　　　"完全概念式の完全分解"

という．

すると，辞書データの完全分解により，内部構造言語 S ができたことに対応して，命題の完全分解により，内部外部の両方の記憶装置にまたがる情報システム S' ができる．

このようにしてできる情報システム S' を内部構造言語 S を"言葉化"して得られる

　　　　　　　"複合構造言語"

という．

同様に，完全概念式の完全分解により，外部記憶装置上に情報システム S'' ができる．

このようにしてできる情報システム S'' を内部構造言語 S を"記号化"して得られる

　　　　　　　"外部構造言語"

という．

例えば，辞書

	△の○は△の◇より△の意味で□.
$\mathfrak{A}_1$	○
$\mathfrak{A}_2$	○
$\mathfrak{A}_3$	×

で定まる内部構造言語を"言葉化"すると, 辞書

	UのxはUのyよりUの意味でR.
$\mathfrak{A}_1'$	○
$\mathfrak{A}_2'$	○
$\mathfrak{A}_3'$	×

で定まる複合構造言語ができるし, この内部構造言語を"記号化"すると, 辞書

	UのxはUのyよりUの意味でR.
$\mathfrak{A}_1''$	○
$\mathfrak{A}_2''$	○
$\mathfrak{A}_3''$	×

で定まる外部構造言語ができる.

ここで, $\mathfrak{A}_1, \mathfrak{A}_2, \mathfrak{A}_3$ はそれぞれ意味構造

$$\langle 『自然数』, 『3』, 『2』, 『大きい』\rangle$$
$$\langle 『実数』, 『3』, 『2』, 『大きい』\rangle$$
$$\langle 『自然数』, 『2』, 『3』, 『大きい』\rangle$$

$\mathfrak{A}_1', \mathfrak{A}_2', \mathfrak{A}_3'$ はそれぞれ

§3 内部言語の言葉化と記号化

〈「自然数」,「3」,「2」,「大きい」〉
〈「実数」,「3」,「2」,「大きい」〉
〈「自然数」,「2」,「3」,「大きい」〉

$\mathfrak{A}_1'', \mathfrak{A}_2'', \mathfrak{A}_3''$ はそれぞれ

〈自然数, 3, 2, 大きい〉
〈実数, 3, 2, 大きい〉
〈自然数, 2, 3, 大きい〉

である.

これまで,内部構造言語を"言葉化"したり,"記号化"することにより,複合構造言語や外部構造言語を作ってきた.

まったく同じ操作を一般の内部言語 S に対して行なうことにより,内部言語 S を"言葉化"して

"複合言語"

と呼ばれる情報システムが,"記号化"して

"外部言語"

と呼ばれる情報システムができる.

この場合,複合言語や外部言語のメッセンジャー空間には,完全述語のいくつかの変数を,言葉,あるいは,記号で置き換えて得られるモノが入る.

例えば,完全述語

「U の x は U の y より U の意味で R.」

の中の変数 U, y, R に,対応する言葉「自然数」,「2」,「大きい」を組み込むと,言葉と変数の組

「自然数の x は自然数の 2 より自然数の意味で大きい.」

ができる.

このような,言葉と変数の組み合せを

"述語"

という.

同様に,完全述語

「U の x は U の y より U の意味で R.」

の中の変数 U, y, R に,対応する記号<u>自然数</u>, <u>2</u>, <u>大きい</u>を組み込むと,記号と変数の組

「<u>自然数</u>の x は<u>自然数</u>の <u>2</u> より<u>自然数</u>の意味で<u>大きい</u>.」

ができる.

このような,記号と変数の組み合せを

"概念式"

という.

すると,複合言語のメッセンジャーは述語に,外部言語のメッセンジャーは概念式になる.

例えば,辞書

	○は『2』より『大きい』.	○は『3』より『大きい』.	
『3』	○		×
『2』	×		×

で定まる内部言語を"言葉化"して得られる複合言語は,辞書

	x は 2 より大きい.	x は 3 より大きい.	
「3」	○		×
「2」	×		×

で定まる情報システムであり,同じ内部言語を"記号化"して得ら

§3 内部言語の言葉化と記号化

れる外部言語は，辞書

	x は $\underline{\underline{2}}$ より**大きい**.	x は $\underline{\underline{3}}$ より**大きい**.
$\underline{\underline{3}}$	○	×
$\underline{\underline{2}}$	×	×

で定まる情報システムである．

内部言語 S を"言葉化"して得られる複合言語を S_c，"記号化"して得られる外部言語を S_o とすると，複合言語 S_c は，内部言語 S を 1 つの面に，外部言語 S_o を対応する面として持つ立方体で表わすことができる．これを，複合言語の立方体表示という．

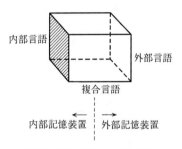

図 12　複合言語の立方体表示

すると，人間は，それぞれの内部の記憶装置上に，それぞれの内部言語を持ち，その内部言語の言葉化により，その内部言語を 1 つの面に組み込んだ複合言語を作る．すると，その複合言語の，内部言語に向かい合う面が外部言語になる．

こうしてできた複合言語は，記号という公的なモノで構成される外部言語という面を持つから，その外部言語を仲介にして，異なる

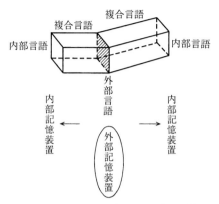

図 13 異なる人間の複合言語同士の関係

人間という機械の間の情報伝達が可能になるように見える(上図参照).

しかし,言葉の意味を伝達する場合には,この3種類の情報システム,内部言語,複合言語,外部言語は役に立たない.

そのことを次の§で説明し,さらに,言葉の意味の伝達用の情報システムを,複合言語の中に作る.

§4 意味伝達用情報システム

この§では,内部言語,複合言語,外部言語という3種類の情報システムが,言葉の意味伝達用の情報システムとしては役に立たないことを説明し,言葉の意味伝達用の情報システムを複合言語の中に作る.

そこで,具体的に,「雪」という言葉を取り上げ,この言葉の意味を伝達するのに,内部言語,複合言語,外部言語が,何故,役立たないかを説明する.

§4 意味伝達用情報システム

言葉「雪」の意味に関する情報伝達を問題にする以上,言葉「雪」に関する知識のギャップが,情報の送り手と受け取り手との間に存在しなければならない.そのギャップとは次のようなものである.

まず,情報の送り手は,言葉「雪」が概念『雪』と記号雪の合成物であることを知っている.したがって,彼は,記号雪を見ると,概念『雪』が頭の中に浮かぶ.ところが,情報の受け取り手は言葉「雪」が概念『雪』と記号雪の合成物であることを知らない.

したがって,彼は,記号雪を見ても,概念『雪』が頭の中に浮かばない.

これが,情報の送り手と受け取り手との間に存在する,言葉「雪」の意味に関する知識のギャップである.

ただし,このことは,情報の受け取り手が概念『雪』や記号雪を知らないということではない.彼は,概念『雪』も記号雪も知っているのだが,この両者が結びついてできる言葉「雪」を知らないのである.(例えば,情報の受け取り手が外人である場合,このようなことが起こり得る.)

そこで,情報システム

$$\langle I, M, D \rangle$$

を用いた情報伝達とは何だったか,思い出してみよう.

この情報システムを用いた情報伝達の場合,情報の送り手も受け取り手も共に,この情報システムを構成している情報空間の中の各情報点,メッセンジャー空間の中の各メッセンジャー,と辞書をよく知っていることが前提になっていた.

そして,情報点を1つ指定し,どの情報点が指定されたか,情報の送り手は知っているが,受け取り手は知らないという状況で,この情報システムの上の理論を用いて,情報空間 I の中から,指定さ

れた情報点を選択することが，この情報システムを用いた情報伝達であった．

　すると，言葉「雪」の意味である概念『雪』に関する情報伝達を行なう場合には，情報空間としては，概念『雪』を情報点として含む情報空間を持つ情報システムを用いる必要がある．

　ところが，複合言語の情報点は概念ではなく，概念と記号の組み合せである言葉であるし，外部言語の情報点は記号である．したがって，複合言語や外部言語を用いる限り，言葉の意味に関する情報伝達はできない．

　また，内部言語は，完全に私的な情報システムなので，当然，言葉の意味を他人に伝えることには役立たない．

　この説明から分かるように，言葉「雪」の意味に関する情報伝達を行なうには，概念『雪』を情報点に持つ新しい情報システムを用いる必要がある．

　そこで，そのような情報システムが，複合言語の中にできることを説明する．

　いま，辞書データ

$$\text{「『雪』は『白い』．」}$$

を，概念『雪』と部分構造データ「○は『白い』．」に分解する視点にたって得られた内部言語

$$S_i = \langle I_i, M_i, D_i \rangle$$

を取る．

　この内部言語の情報空間 I_i の中には，概念『雪』が入っているし，メッセンジャー空間 M_i の中には，部分構造データ

$$\text{「○は『白い』．」や「○は『赤い』．」}$$

が入っているから，辞書 D_i は

§4 意味伝達用情報システム

	○は『白い』.		○は『赤い』.	
『雪』	○		×	

のような図であろう.

しかし，この情報システムは，個々の人間の内部の記憶装置上に存在する情報システムであるから，異なる人間の間の情報伝達には役立たない.

そこで，この内部言語を言葉化して，複合言語
$$S_c = \langle I_c, M_c, D_c \rangle$$
を作る.

この複合言語の情報空間 I_c の中には，言葉「雪」が入っているし，メッセンジャー空間 M_c の中には，述語

「x は白い.」 や 「x は赤い.」

が入っているから，辞書 D_c は

	x は白い.		x は赤い.	
「雪」	○		×	

のような図であろう.

そこで，内部言語 $\langle I_i, M_i, D_i \rangle$ の情報空間 I_i を情報空間，複合言語 $\langle I_c, M_c, D_c \rangle$ のメッセンジャー空間 M_c をメッセンジャー空間とし，辞書 D を

	xは白い.		xは赤い.	
『雪』	○		×	

で定めることにより，新しい情報システム
$$S = \langle I_i, M_c, D \rangle$$
ができる．

この情報システムを用いると，言葉「雪」の意味『雪』に関する情報伝達が可能になる．

この例を一般化すると，内部言語 $S_i = \langle I_i, M_i, D_i \rangle$ とそれを言葉化して得られる複合言語 $S_c = \langle I_c, M_c, D_c \rangle$ を用いて，情報空間 I_c の中の言葉の意味伝達用の情報システムが次のようにして構成される．

内部言語 S_i の情報点はいくつかの概念の組
$$a = \langle a_1, a_2, \cdots, a_n \rangle$$
であり，メッセンジャーは，これらの概念というデータの配置を定める部分構造データ d である．

そして，これらの概念 $a_1, a_2, \cdots, a_n$ を部分構造データ d にしたがって配置して得られる辞書データが，正しい辞書データになるかならないかが，辞書 D_i によって判定された．

すると，複合言語 S_c の情報点は，これらの概念の組 a の中のそれぞれの概念
$$a_1, a_2, \cdots, a_n$$
を言葉化して得られる言葉
$$\lceil a_1 \rfloor, \lceil a_2 \rfloor, \cdots, \lceil a_n \rfloor$$
の組

$$\langle \ulcorner a_1 \lrcorner, \ulcorner a_2 \lrcorner, \cdots, \ulcorner a_n \lrcorner \rangle$$

である.

この組自身を概念の組の"言葉化"といい,

$$\ulcorner a \lrcorner$$

で表わす.

そして, 複合言語 S_c のメッセンジャーは, 部分構造データ d を言葉化して得られる述語

$$P(x_1, x_2, \cdots, x_n)$$

である.

そして, 変数 $x_1, x_2, \cdots, x_n$ に言葉 $\ulcorner a_1 \lrcorner, \ulcorner a_2 \lrcorner, \cdots, \ulcorner a_n \lrcorner$ をそれぞれ代入して得られる命題

$$P(\ulcorner a_1 \lrcorner, \ulcorner a_2 \lrcorner, \cdots, \ulcorner a_n \lrcorner)$$

が正しい命題になるかならないかが, 辞書 D_c により判定される.

しかも, 命題

$$P(\ulcorner a_1 \lrcorner, \ulcorner a_2 \lrcorner, \cdots, \ulcorner a_n \lrcorner)$$

が正しい命題になることと, 部分構造データと概念 $a_1, a_2, \cdots, a_n$ により得られる辞書データが正しい辞書データになることとは, 同じことであった.

そこで, 情報空間 I_i の中の概念の組を一番左の列に, メッセンジャー空間 M_c の中の述語を一番上の行に並べてできるます目構造を書き, I_i の中の概念の組

$$a = \langle a_1, a_2, \cdots, a_n \rangle$$

の行と, M_c の中の述語

$$P(x_1, x_2, \cdots, x_n)$$

の列が交わってできるます目に, 命題

$$P(\ulcorner a_1 \lrcorner, \ulcorner a_2 \lrcorner, \cdots, \ulcorner a_n \lrcorner)$$

が正しい命題になるときは○を, 間違った命題になるときは×を書

くことにより辞書 D を作る.

すると, この辞書 D により, I_i を情報空間, M_c をメッセンジャー空間とする情報システム

$$S = \langle I_i, M_c, D \rangle$$

ができる.

このようにして, 内部言語 S_i を言葉化して得られる複合言語 S_c ともとの内部言語 S_i から, 新しい情報システム S を作ることを, 内部言語 S_i の

"言語化"

といい, 内部言語 S_i を"言語化"して得られる情報システムを

"原始述語言語"

という.(注意!"言語化"と"言葉化"は異なる.)

すると, 原始述語言語

$$S = \langle I_i, M_c, D \rangle$$

の情報空間 I_i の中の情報点は概念の組

$$a = \langle a_1, a_2, \cdots, a_n \rangle$$

であり, メッセンジャー空間 M_c のメッセンジャーは述語

$$P(x_1, x_2, \cdots, x_n)$$

である.

そして, 概念の組 a と述語 $P(x_1, x_2, \cdots, x_n)$ が辞書 D によりマッチングするのは, a の言葉化「a」とこの述語からできる命題

$$P(\ulcorner a_1 \urcorner, \ulcorner a_2 \urcorner, \cdots, \ulcorner a_n \urcorner)$$

が正しい命題になることである.

そこで, このように, 原始述語言語の情報点 a とメッセンジャー P の組で表わされる命題を

$$P(\ulcorner a \urcorner)$$

で表わし,

§4 意味伝達用情報システム

"原始述語言語 S の中の命題"

という.

例えば,情報点として,概念の組 $\langle$『3』,『2』$\rangle$ を,メッセンジャーとして,述語「x は y より大きい.」をもつ原始述語言語 S において,命題

「3 は 2 より大きい.」

は原始述語言語 S の中の命題である.
(概念『3』,『2』を述語「x は y より大きい.」の x と y に代入したもの

「『3』は『2』より大きい.」

は命題でないことに注意!)

なお,ここで,「原始述語」と呼ぶ理由は,構造データ,あるいは部分構造データを言葉で表わした"述語"の中には,論理的な操作を表わす言葉が入っていないからである.

また,内部構造言語を言語化して得られる原始述語言語を,

"原始構造言語"

と呼ぶ.

すると,辞書

	△の○は△の◇より△の意味で□.
$\mathfrak{A}_1$	○
$\mathfrak{A}_2$	○
$\mathfrak{A}_3$	×

で定まる内部構造言語を言語化して得られる原始構造言語は,辞書

	U の x は U の y より U の意味で R.	
$\mathfrak{A}_1$	○	
$\mathfrak{A}_2$	○	
$\mathfrak{A}_3$	×	

(ここで，$\mathfrak{A}_1, \mathfrak{A}_2, \mathfrak{A}_3$ はそれぞれ意味構造

$\langle$『自然数』,『3』,『2』,『大きい』$\rangle$

$\langle$『実数』,『3』,『2』,『大きい』$\rangle$

$\langle$『自然数』,『2』,『3』,『大きい』$\rangle$ を表わす.)

で定まる原始構造言語であり，この原始構造言語のメッセンジャーは，4つの変数を含む述語である.

ところが，変数の縮約と呼ばれる操作をすることにより，変数は1つで済ませることができる.

次の§でそのことを説明する.

§5 変数の縮約と原始述語言語

変数の縮約を説明するために，いくつかのものを並べてできる列についてまず考える.

n 個のもの(数でも，記号でも，集合でも何でもよい)

$$a_1, a_2, a_3, \cdots, a_n$$

をこの順に並べたものを長さ n の列といい，

$$\langle a_1, a_2, a_3, \cdots, a_n \rangle$$

で表わし，

a_1 を列 $\langle a_1, a_2, a_3, \cdots, a_n \rangle$ の第1成分

a_2 を列 $\langle a_1, a_2, a_3, \cdots, a_n \rangle$ の第2成分

a_3 を列 $\langle a_1, a_2, a_3, \cdots, a_n \rangle$ の第3成分

$$\vdots$$

a_n を列 $\langle a_1, a_2, a_3, \cdots, a_n \rangle$ の第 n 成分

という.

例えば, 自然数 2, 3, 2 からなる列

$$\langle 2, 3, 2 \rangle$$

は長さが 3 の列で, その第 1 成分は自然数の 2, 第 2 成分は自然数の 3, 第 3 成分は自然数の 2 である.

いま, 自然数を成分とする長さ 2 の列の全体を N^2 とすると, N^2 は, 自然数の対 $\langle n, m \rangle$ 全体の集まりである.

そこで, この N^2 の上を動く (N^2 を変域とする) 変数 x を考えると, x は一般に N^2 の元を表わし, N^2 の元は自然数の対 $\langle n, m \rangle$ であるから, 変数 x が表わす N^2 の元の第 1 成分も, 第 2 成分も, 変数 x を具体的に N^2 の特定の元に定めれば (変数 x の値を定めるという) 決まる.

すなわち, 変数 x の値の第 1 成分も, 第 2 成分も, 変数 x の関数である. ただし, 変数 x の値によって別の値が定まるとき, その値 (変数の値で変化する値) を変数 x の関数ということにする.

そこで,

変数 x の第 1 成分を表わす関数を $(x)_1$

変数 x の第 2 成分を表わす関数を $(x)_2$

とすると, 変数 x の値が $\langle n, m \rangle$ のとき,

$$(x)_1 = n, \quad (x)_2 = m$$

となる.

逆に, $(x)_1$ と $(x)_2$ の値が定まれば, その値を第 1 成分, 第 2 成分とする値が変数 x の値として定まる.

したがって,

$$x = \langle (x)_1, (x)_2 \rangle$$

と書けることになる.

一般に, 長さ2の列を値にとる変数 x は, その変数の値の第1成分を値にもつ関数 $(x)_1$ と, その変数の値の第2成分を値にもつ関数 $(x)_2$ の列として上のように表わされる.

同様に, 長さが n の列を値にとる変数 x は,

変数 x の値の第1成分を値にもつ関数 $(x)_1$
変数 x の値の第2成分を値にもつ関数 $(x)_2$
変数 x の値の第3成分を値にもつ関数 $(x)_3$
$\vdots$
変数 x の値の第 n 成分を値にもつ関数 $(x)_n$

の列として

$$x = \langle (x)_1, (x)_2, (x)_3, \cdots, (x)_n \rangle$$

のように表わされる.

逆に, 変数 u, v があったときに, u の値を第1成分, v の値を第2成分とする長さ2の列を値に持つ変数 x が考えられる. すなわち, $(x)_1 = u$, $(x)_2 = v$ で定まる変数 x である. この変数を

"2つの変数 u, v を縮約してできる変数 x"

といい,

$$x = \langle u, v \rangle$$

と書く.

すると, 変数 u, v を縮約してできる変数 x の変域は, 変数 u の変域の元を第1成分に, 変数 v の変域の元を第2成分にする列の全体である.

例えば, u が自然数の全体を変域とする変数で, v が実数の全体を変域とする変数のとき, 変数 u, v を縮約してできる変数 x の変域は自然数を第1成分に, 実数を第2成分にする列の全体である. すなわち, u が自然数を表わす変数, v が実数を表わす変数のとき,

§5 変数の縮約と原始述語言語

x は自然数と実数の対を表わす変数になる.

以上の議論を,長さが n の列に対して適用すると, n 個の変数

$$x_1, x_2, x_3, \cdots, x_n$$

に対して,

変数 x_1 の変域の元を第 1 成分
変数 x_2 の変域の元を第 2 成分
変数 x_3 の変域の元を第 3 成分
$\vdots$
変数 x_n の変域の元を第 n 成分

とする長さ n の列の全体を変域とする変数 x で

$$(x)_1 = x_1,$$
$$(x)_2 = x_2,$$
$$(x)_3 = x_3,$$
$$\vdots$$
$$(x)_n = x_n$$

となる変数 x がとれる.この変数を

"変数 $x_1, x_2, x_3, \cdots, x_n$ を縮約してできる変数 x"

といい,

$$x = \langle x_1, x_2, x_3, \cdots, x_n \rangle$$

と書く.

この方法を,4 つの変数 U, u, v, R の述語

「U の u は U の v より U の意味で R.」

に適用し,4 つの変数, U, u, v, R を縮約してできる変数 x を用いると,すなわち

$$x = \langle U, u, v, R \rangle$$

とすると,述語

「U の u は U の v より U の意味で R.」

は1つの変数 x の述語

「$(x)_1$ の $(x)_2$ は $(x)_1$ の $(x)_3$ より $(x)_1$ の意味で $(x)_4$.」

になる．

そこで，辞書

	U の x は U の y より U の意味で R.
$\mathfrak{A}_1$	○
$\mathfrak{A}_2$	○
$\mathfrak{A}_3$	×

で定まる原始構造言語のメッセンジャーにこの変数の縮約を行なうと

	$(x)_1$ の $(x)_2$ は $(x)_1$ の $(x)_3$ より $(x)_1$ の意味で $(x)_4$.
$\mathfrak{A}_1$	○
$\mathfrak{A}_2$	○
$\mathfrak{A}_3$	×

で定まる情報システムができる．

この情報システムのメッセンジャーは，情報空間

$$\{\mathfrak{A}_1, \mathfrak{A}_2, \mathfrak{A}_3, \cdots\}$$

の中の意味構造を値として取る変数 x の述語になる．

（ここで，$\mathfrak{A}_1, \mathfrak{A}_2, \mathfrak{A}_3$ はそれぞれ意味構造

〈『自然数』,『3』,『2』,『大きい』〉

〈『実数』,『3』,『2』,『大きい』〉

〈『自然数』,『2』,『3』,『大きい』〉

である．）

§5 変数の縮約と原始述語言語

このようにして,多くの変数に関する述語をメッセンジャーとする原始構造言語も,この方法により,情報点を値に取る1つの変数に関する述語をメッセンジャーとする情報システムにすることができる.

同様に,内部言語を言語化して得られる一般の原始述語言語についても,この縮約という操作を行なうことにより,1変数の述語をメッセンジャーとする情報システムにすることができる.

そこで,以下で,原始述語言語というときは,そのメッセンジャーが1変数の述語であるような情報システムだけを考えることにする.

ここで,「述語」という言葉について1つ注意することがある.というのは,「関係」を述語ということもあるからである.

例えば,自然数の上の大小関係は

「x は y より大きい.」

という x と y の述語と同一視され,自然数上の述語と呼ばれることがある.同様に,概念『自然数』を宇宙とする意味構造

$\langle$『自然数』,『3』,『2』,『大きい』$\rangle$

において,『大きい』は『自然数』上の関係であるから,『自然数』上の述語と呼んでもよいのである.すると,意味構造を値として取る変数 x の述語

「$(x)_1$ の $(x)_2$ は $(x)_1$ の $(x)_3$ より $(x)_1$ の意味で $(x)_4$.」

の中の関係 $(x)_4$ は述語 $(x)_4$ と呼んでもよいから,この述語はその中に述語 $(x)_4$ を含む述語になる.

このように紛らわしいことがあるので,以下では,<u>意味構造の中にでてくる述語は述語と呼ばず,関係と呼ぶことにする.</u>

なお,原始述語言語

$$\langle I, M, D \rangle$$

を固定すると,メッセンジャー空間 M の中のメッセンジャーは,情報点を値に取る変数 x の述語 $P(x)$ になり,その情報量

$$I(P(x))$$

は,命題

$$P(\lceil a \rfloor)$$

が正しい命題となるような情報点 a の全体であるから(「a」は概念の組 a の言葉化),通常,変数 x の述語(条件) $P(x)$ の

"真理集合"

と呼ばれているものである.

 すなわち

  述語 $P(x)$ の持つ情報量 $I(P(x))$ = 述語 $P(x)$ の真理集合

という等式が成り立つ.

 したがって,この情報システムの中の 2 つのメッセンジャー(述語) $P(x)$ と $Q(x)$ について

「$P(x)$ が $Q(x)$ から論理的に導かれる.」

ということは,

「$I(Q(x))$ が $I(P(x))$ の部分になる.」

ということであり,これは

 「$Q(x)$ の真理集合が $P(x)$ の真理集合の部分集合になる.」

ということである.これは(高校で習った論理の言葉を用いると)

「$P(x)$ が $Q(x)$ の必要条件になる.」

ということ,あるいは

「$Q(x)$ が $P(x)$ の十分条件になる.」

ということと同じになる.

 したがって,矛盾したメッセンジャー(述語)とは,命題

$$P(\lceil a \rfloor)$$

が正しい命題となるような情報点 a が存在しない述語ということに

なり，論理的なメッセンジャー(述語)とは命題

$$P(\ulcorner a \urcorner)$$

がすべての情報点 a で正しい命題となるような述語ということになる．

§6 論理的な言葉の導入と述語言語

前§で説明した情報システム

$$\langle I, M, D \rangle$$

を原始述語言語と呼ぶ理由は，メッセンジャーからメッセンジャーを作る(この場合は述語から述語を作る)論理的な操作に関して何も言及していないからである．

以前に説明したように，論理的な操作は，メッセンジャーからメッセンジャーを作る操作である．そして，通常，人間という機械の中の記憶装置上のデータを分解してできる内部情報システムにおいては，データを分解して情報システムを作るのも，それらの情報システムの中のメッセンジャーからメッセンジャーを作り出す論理的な操作を作り出すのも思考と呼ばれる制御装置の役割である．

例えば，情報システムを用いた情報伝達の場面において，メッセンジャーをいろいろ繰り出して相手の答えを引き出し，それらのメッセンジャーとその答えの組み合せから，情報を引き出すときに制御装置が使う操作が論理的な操作である．

この時，論理的な操作自身は人間という機械の中の内部記憶装置上のデータとして保存されてはいない．論理的な操作は人間という機械が行なうデータ処理の操作で，その操作自身はデータの対象にはなっていない．したがって，これらのデータを言葉化して命題を作った時に，命題の中には論理的な操作に対応する言葉はでてこないはずである．

これが,筆者の論理的な操作に関する意見である.

すると,論理的な操作を直接言葉として対象化して取り扱えるのは,外部に作られた記憶装置上の記号を用いて作られる情報システムにおいて初めて可能になることである.

いま,人間の内部にある内部言語を言語化して得られる原始述語言語

$$\langle I, M, D \rangle$$

を考える.

この情報システムのメッセンジャーは,変数 x と言葉の組み合せでできる述語であり,このメッセンジャー空間 M 上には,以前に説明した論理的な操作,

否定,連言,選言,含意

と呼ばれる操作は存在しない.

しかし,これらの操作を表わす言葉(記号)を用意して,メッセンジャー空間 M を拡張し,これらの操作が自由に行なえる情報システムを作ることができることを第1章で説明した.

この場合,原始述語言語という情報システムのメッセンジャーは,変数という記号と言葉の組み合せであるから,それらに論理的な操作を表わす記号を付加することは容易にできる.

一方,第1章での説明は一般論であるから,以上の4つの論理的な操作しか取り扱わなかったが,個々の情報システムの場合には,その情報システム固有の論理的な操作を考えることができる.

原始述語言語という情報システムにおいては以上の4つの論理的な操作の他に,

"普遍量化"(すべて),"存在量化"(存在する)

と呼ばれる論理的な操作を考えることができる.

例えば,述語 $P(x)$ の中に自然数の概念を表わす言葉「m」があ

§6 論理的な言葉の導入と述語言語

って,述語 $P(x)$ は
$$P(x, m)$$
と表わせるとき,この m を
$$1, 2, 3, \cdots$$
という自然数を表わす言葉で順次置き換えていくと無限個の(ある意味で同じ構造を持った)述語の列
$$P(x, 1), P(x, 2), P(x, 3), \cdots$$
ができる.

この無限個の述語に対して,述語 $Q(x)$ の情報量がこれら無限個の述語の情報量の共通部分になるとき,すなわち
$$I(Q(x)) = I(P(x,1)) \cap I(P(x,2)) \cap I(P(x,3)) \cap \cdots$$
が成り立つとき,

述語 $Q(x)$ は無限個の述語
$$P(x, 1), P(x, 2), P(x, 3), \cdots$$
の(自然数に関する)"普遍量化"

と呼び,述語 $Q(x)$ の情報量がこれら無限個の述語の情報量の合併部分になるとき,すなわち
$$I(Q(x)) = I(P(x,1)) \cup I(P(x,2)) \cup I(P(x,3)) \cup \cdots$$
が成り立つとき,

述語 $Q(x)$ は無限個の述語
$$P(x, 1), P(x, 2), P(x, 3), \cdots$$
の(自然数に関する)"存在量化"

と呼ぶ.

そして,これらの(同じ構造をもった)無限個の述語に,その普遍量化,存在量化と呼ばれる述語を対応される操作自身も,それぞれ,普遍量化,存在量化と呼ばれる.

また,同じ構造を持つ無限個の述語

$$P(x,1), P(x,2), P(x,3), \cdots$$

を表示するのに，x 以外の変数 y(自然数を値に取る変数)を用いて

$$P(x,y)$$

のように表わし，この無限個の述語の(表示の)普遍量化と存在量化をそれぞれ

$$(\forall y) P(x,y)$$
$$(\exists y) P(x,y)$$

で表わす．

なお，普遍量化と存在量化という論理的な操作の説明を，"自然数"に関する普遍量化と存在量化のみに限定して説明したが，一般の普遍量化と存在量化も同じように説明できるので，ここでは省略する．

論理的な操作を表わす記号を用いて情報システムを拡張し，論理的な操作がそのメッセンジャー空間の中で自由に行なえるようにする方法を第1章§9で説明したが，その方法をここで用いる．

すなわち，6個の新しい記号("論理記号"と呼ぶ)

$$\neg, \land, \lor, \rightarrow, \forall, \exists$$

と x 以外の無限個の変数記号

$$y, z, \cdots$$

を用意し，論理記号の意味としてメッセンジャーの上の論理的な操作を，それぞれ付加する．例えば，

記号 $\neg$ には 否定という論理的な操作を
記号 $\land$ には 連言という論理的な操作を
記号 $\lor$ には 選言という論理的な操作を
記号 $\rightarrow$ には 含意という論理的な操作を
記号 $\forall$ には 普遍量化という論理的な操作を
記号 $\exists$ には 存在量化という論理的な操作を

§6 論理的な言葉の導入と述語言語

意味として与えると,これらの記号は意味(ただし,通常の意味ではない.通常,言葉の意味は内部記憶装置上のデータとしての概念であるが,ここでの意味は概念ではなく,メッセンジャーの上の操作という制御装置の"働き"である)を持った言葉

「¬」,「∧」,「∨」,「→」,「∀」,「∃」

になる.これらの言葉を

"論理的な言葉"

あるいは

"論理語"

という.

そして,メッセンジャー空間 M とこれらの論理語を組み合わせて第1章§9の方法で作られるメッセンジャー空間を,

M^*

とし,このメッセンジャー空間の中のメッセンジャーを

"複合述語",

あるいは単に

"述語"

という.(ついでに,メッセンジャー空間 M の中の述語を,ここで説明した述語と区別して,"原始述語"と呼ぶことがある.)

また,辞書 D から第1章§9の方法で作られる辞書を

D^*

とすると,情報空間 I とメッセンジャー空間 M^*,および辞書 D^* から新しい情報システム

$\langle I, M^*, D^* \rangle$

ができる.

そこで,原始述語言語 $\langle I, M, D \rangle$ が内部言語 S を言語化して得られる原始述語言語のとき,この情報システムも,内部言語 S を言

語化して得られる

"述語言語"

あるいは，単に

"言語"

という．

　なお，原始構造言語という特定の原始述語言語にこの操作を施して得られる述語言語を，特に

"構造言語"

という．

　また，述語言語の中のメッセンジャーとしての複合述語 $P(x)$ と情報点としての概念の組 a から定まる命題

$$P(\ulcorner a\urcorner)$$

は，辞書データを言葉化して得られる命題と論理的な言葉から新しく構成された言葉の組み合せである．

　このような組み合せをこの述語言語の中の

"複合命題"

という．

　特に，辞書データを言葉化して得られる命題とこの複合命題を区別するときに，もともとの命題を

"原始命題"

と呼び，新しい命題を単に"命題"と呼ぶこともある．

　この述語言語においては，否定，連言，選言，含意，普遍量化，存在量化の6個の論理的な操作が自由に行える．すなわち

　この述語言語の中のどんな述語 $P(x), Q(x)$ に対しても

　　　　　述語 $P(x)$ 　　　　　　の否定　$\neg P(x)$

　　　　　述語 $P(x)$ と述語 $Q(x)$ の連言　$P(x) \wedge Q(x)$

　　　　　述語 $P(x)$ と述語 $Q(x)$ の選言　$P(x) \vee Q(x)$

§6 論理的な言葉の導入と述語言語 149

述語 $P(x)$ と述語 $Q(x)$ の含意 $P(x) \to Q(x)$

がこの述語言語(という情報システムのメッセンジャー空間)の中に存在するし,同じ形をした無限個の述語

$$P(x,1), P(x,2), P(x,3), \cdots$$

に対して,その普遍量化

$$(\forall y) P(x,y)$$

と存在量化

$$(\exists y) P(x,y)$$

も述語言語の中に存在する.しかも,これらの情報量は,それぞれに対応する論理的な操作によって一意的に決まる.

例えば,述語 $\neg P(x)$ の情報量 $I(\neg P(x))$ は述語 $P(x)$ の情報量 $I(P(x))$ の補集合になる.すなわち

$$I(\neg P(x)) = I - I(P(x))$$

である.同様に

$$I(P(x) \wedge Q(x)) = I(P(x)) \cap I(Q(x))$$
$$I(P(x) \vee Q(x)) = I(P(x)) \cup I(Q(x))$$
$$I(P(x) \to Q(x)) = I(P(x)) \to I(Q(x))$$

となる.また

$$I((\forall y) P(x,y))$$
$$= I(P(x,1)) \cap I(P(x,2)) \cap I(P(x,3)) \cap \cdots$$
$$I((\exists y) P(x,y))$$
$$= I(P(x,1)) \cup I(P(x,2)) \cup I(P(x,3)) \cup \cdots$$

となる.

したがって,各概念の組 a に対して,命題

$$\neg P(\ulcorner a \urcorner)$$

が正しくなるのと,命題

$$P(\ulcorner a \urcorner)$$

が間違った命題になるのとは(述語 P と概念の組 a の条件として)同じになる．

この事実を

$$\neg P(\ulcorner a \urcorner) \Leftrightarrow P(\ulcorner a \urcorner) \text{ でない}$$

と表わすことにすると，同様に

$$P(\ulcorner a \urcorner) \wedge Q(\ulcorner a \urcorner) \Leftrightarrow P(\ulcorner a \urcorner) \text{ かつ } Q(\ulcorner a \urcorner)$$
$$P(\ulcorner a \urcorner) \vee Q(\ulcorner a \urcorner) \Leftrightarrow P(\ulcorner a \urcorner) \text{ または } Q(\ulcorner a \urcorner)$$
$$P(\ulcorner a \urcorner) \to Q(\ulcorner a \urcorner) \Leftrightarrow P(\ulcorner a \urcorner) \text{ ならば } Q(\ulcorner a \urcorner)$$

となる．ここで用いられている

「でない」，「かつ」，「または」，「ならば」

という言葉は，読者と筆者の間の情報伝達場面(この本)で用いられている論理語である．

また，同様に

$(\forall y) P(\ulcorner a \urcorner, y) \Leftrightarrow$「すべての自然数 n について，$P(\ulcorner a \urcorner, n)$」
$(\exists y) P(\ulcorner a \urcorner, y) \Leftrightarrow$「ある自然数 n について，$P(\ulcorner a \urcorner, n)$」

となる．(前にも説明したように，量化と呼ばれる論理的な操作をここでは自然数の上に制限して説明したが，一般の場合も同じように取り扱うことができる.)

このようにして，人間という機械の制御装置がその内部で行なっている論理的な操作が，外部の情報システムの上の言葉の組み合せで表わせることになり，思考という内的な活動が，述語言語という外部の情報システムの言葉の組み合せの操作に写しかえられる．これによって，思考という個人的で，内的な活動が，公共的で外的な活動になる．

このことが，言語によってわれわれが共同で思考し，その結果を共有し，社会的な知識を蓄え，それを後世に伝えることができる理由であると思う．

なお,以下で"言語"というときは,適当な内部言語を言語化して得られる述語言語を意味するのであるが,しかし,その場合,同じ内部言語を言葉化して得られる複合言語とその述語言語を区別して用いるのが複雑になるときは,両者を混同して用いる.

§7 言語による情報伝達

情報システムを用いた情報の保存,伝達のメカニズムについての説明を第1章で行なった.言語は情報システムの特別なものであるから,そこでの説明は,当然,言語という情報システムにも成り立つ.しかし,言語という情報システムにはそれ自身固有の性質があり,それ故に,言語による情報の保存,伝達のメカニズムには,一般の情報システムにはない,固有の問題点がある.以下,それについての説明をする.

言語による情報伝達の場面において伝達されるのは言葉の意味である.すなわち,言語を用いて言葉の意味を伝えるのである.一方,言葉の意味とは,その言葉が示している概念であり,もう少し詳しく言えば,言葉[犬]の意味は,概念『犬』,すなわち,この言葉を表わしている記号犬を視ることにより,内部ブラウン管上に描き出される映像,あるいはその映像を描き出すデータである.(決して,本物の犬ではないことに注意.)

したがって,言語を用いて2人の人間が言葉の意味に関する情報を伝達したとしても,伝達されるべき意味としての概念は,個人個人によって異なるものであるから,それが人から人に伝わるというのは変ではないだろうか.

この疑問をもっとはっきりさせるために,内部言語
$$S_i = \langle I, M_i, D_i \rangle$$
を言語化して得られる述語言語

$$S = \langle I, M, D \rangle$$

を用いた情報伝達を考えよう.

話を分かりやすくするために,情報空間 I の中の情報点は

『鉄』,『銅』,『銀』,『亜鉛』

といった個々の金属の概念であるとし,これらの金属に関する情報を人に伝える場面を考える.

この時,メッセンジャーとしては

「x の比重は 0.5 である.」

「x は水に溶ける.」

「x は電気を通す.」

「x はダイヤモンドより硬い.」

といった述語があるであろう.

そして,これらの述語を用いて情報の伝達が行なわれる.そこで,さらに具体的に,『鉄』に関する情報をA君からB君に伝えるという場面を考える.すなわち,A君は概念としての『鉄』も,記号としての鉄も知っていて,これらが結びついてできる「鉄」という言葉が理解できる.すなわち,A君は,鉄という記号を視ると,内部のブラウン管上に『鉄』の映像が浮かぶのである.

一方,B君は概念『鉄』も記号鉄も知っているが,言葉「鉄」を知らない.すなわち,記号鉄を視ても,彼の内部ブラウン管上には残念ながら『鉄』の映像は浮かばない.

これが,「鉄」という言葉の意味に関するA君とB君の知識のギャップである.このギャップを埋めるために,上の言語を用いてA君からB君に情報が伝達され,情報伝達が旨くいった段階で,両者の知識のギャップは消滅するはずである.

そこで,A君は,『鉄』について成り立つ性質をB君に教えて,言葉「鉄」の意味が『鉄』であることを知らせようとする.もっと

§7 言語による情報伝達

具体的に言うと，上の言語 S の中の述語 $P(x)$ で，『鉄』を実例に持つもの，言い替えると，命題

$$P(\text{「鉄」})$$

が正しくなるような述語 $P(x)$ をいくつか B 君に示し，それを視て，B 君が言葉「鉄」の意味が『鉄』であることを了解してくれることを期待するのである．

しかし，この A 君の期待に答えるためには，

(i) 述語 $P(x)$ を構成している言葉の意味が両者で同じである．

(ii) 概念『鉄』が両者で同じである．

の2つが満たされていないと，問題にならなくなる．

ところがよく考えると，言葉の意味となる概念は本来個人的なものであり，複数の人間が共有できる性質のものではないはずである．したがって，ここで考えたような情報伝達は夢物語で，本来あり得ないことではないか．

これが，最初の疑問である．

この疑問に対する筆者の答えは次のようなものである．まず，上の条件 (i), (ii) を満たす情報伝達の現場があるということである．それは自分自身が自分自身に情報を伝達する場合である．

例えば，「鉄」という言葉の意味を忘れそうになったとき，鉄に関する情報をメモに書いておいたとする．そのメモには正しい命題

$$P(\text{「鉄」})$$

が書かれている．

しかし，時間がたって言葉「鉄」の意味を忘れると，メモに書かれている命題の中の言葉「鉄」はその意味を失って単なる記号鉄に変化する．

すると，命題 $P(\text{「鉄」})$ も，意味なし言葉鉄と述語 $P(x)$ の組である概念式

$$P(\underline{鉄})$$

に変化する.

そこで，言葉「鉄」の意味を忘れた筆者は，メモに書かれた命題 $P(\lceil 鉄 \rfloor)$ を

記号$\underline{鉄}$　と　述語 $P(x)$

に分解して眺め，

「記号$\underline{鉄}$を名前に持つ言葉「鉄」の意味は

述語 $P(x)$ の情報量の中に入る概念である.」

という情報を得る.

これらの情報から，言葉「鉄」の意味が概念『鉄』であることが分かれば，メモによる情報伝達は成功したことになる.

しかし，情報の送り手と受け取り手とが別人の場合には，この説明はまったく成り立たない. しかし，それでは述語言語 S による情報伝達はまったく無意味かと言うとそうではない.

例えば，『鉄』に関する情報をA君からB君に伝えるという場面を考える. この場合，A君は彼自身の内部記憶装置上に，彼固有の概念地図を持ち，その概念地図の上に，『鉄』の理論をその上にもった内部言語

$$S_{iA} = \langle I_A, M_{iA}, D_{iA} \rangle$$

がある. そして，A君にとっての概念『鉄$_A$』が I_A の中に入っている.

同様に，B君も，彼自身の内部記憶装置上に，彼固有の概念地図を持ち，その概念地図の上に，『鉄』の理論をその上にもった内部言語

$$S_{iB} = \langle I_B, M_{iB}, D_{iB} \rangle$$

がある. そして，B君にとっての概念『鉄$_B$』が I_B の中に入っている.

§7 言語による情報伝達

次に，A君は，彼の内部言語 S_{iA} を言葉化することにより，その上の複合言語

$$S_{cA} = \langle I_{cA}, M_{cA}, D_{cA} \rangle$$

を作るし，B君も彼の内部言語 S_{iB} を言葉化することにより，その上の複合言語

$$S_{cB} = \langle I_{cB}, M_{cB}, D_{cB} \rangle$$

を作る．

すると，2つの複合言語の情報空間 I_{cA} と I_{cB} には，それぞれ，概念『鉄$_A$』，『鉄$_B$』を意味として持つ言葉，「鉄$_A$」,「鉄$_B$」が入っている．

ここで，A君が作った複合言語 S_{cA} の中の言葉「E_A」と，B君が作った複合言語 S_{cB} の中の言葉「E_B」が記号を共有しているとき，この2つの言葉を2つの複合言語の間の

"共通言語"

ということにする．すなわち，複合言語 S_{cA} の中の言葉「E_A」と，複合言語 S_{cB} の中の言葉「E_B」が"共通言語"であるとは，この2つの記号を

言葉「E_A」		言葉「E_B」
概念『E_A』——記号 $\underline{E_A}$	= 記号 $\underline{E_B}$	——概念『E_B』
A君の内部記憶装置	外部記憶装置	B君の内部記憶装置

のように，概念と記号に分解したとき，2つの記号 $\underline{E_A}$ と記号 $\underline{E_B}$ とが同じ記号になることである．

そして，複合言語 S_{cA} の中の言葉と複合言語 S_{cB} の中の言葉とで共通言語になるもの同士を対応させたときに，全体として，複合言語 S_{cA} の中の言葉と複合言語 S_{cB} の中の言葉とが，過不足なくきちんと対応し，その対応の下に，2つの複合言語が完全に同じ構造を

持つとき(正確には,辞書が同じ構造を持つとき),この2つの複合言語は

"同じ構造を持つ"

ということにする.

　もちろん,この対応を誰がするかが問題になる.しかし,情報処理機械と情報処理機械の間の関係としてならば,そのような対応を付けることができる.われわれが人間を機械とみなした目的は,このような対応自身も考察の対象とするためである.

　もし,複合言語 S_{cA} と複合言語 S_{cB} がこの意味で"同じ構造"を持ったとする.すると,言葉「鉄$_A$」と「鉄$_B$」はこの2つの複合言語の間の共通言葉になり,しかも,言葉「鉄$_A$」の複合言語 S_{cA} における理論と,言葉「鉄$_B$」の複合言語 S_{cB} における理論は,同じものとみなされる.

　この場合には,A君とB君の間で,言葉「鉄」に関する知識のギャップは存在しないと考えざるを得ない.というのは,A君が言葉「鉄」の意味としてもっているA君の内部記憶装置上の概念『鉄$_A$』とB君が言葉「鉄」の意味としてもっているB君の内部記憶装置上の概念『鉄$_B$』が同じであるかどうかを議論するのは無意味だからである.

　そこで,言葉「鉄」の意味に関する情報伝達が問題になる以上,少なくとも,言葉「鉄$_A$」と「鉄$_B$」はこの2つの複合言語の間の共通言葉にはなっていないはずである.そして,この言葉以外の言葉は,2つの言語の間で,共通言葉になっている場合に,言葉「鉄」の意味に関するA君からB君への情報伝達が可能になる.

　そこで,言葉「鉄」の意味を伝達するための2つの言語

$$S_A = \langle I_A, M_{cA}, D_A \rangle, \quad S_B = \langle I_B, M_{cB}, D_B \rangle$$

をそれぞれ作る.

§7 言語による情報伝達

すると，この2つの言語は上で説明した意味で"同じ構造"を持つ．(この言語には，言葉「鉄」が用いられていないことに注意！)

そこで，この同じ構造を利用して，A君は言語 S_A における概念『鉄$_A$』の理論をB君に提示する．

B君は，提示された M_{cA} の中の述語を，彼自身の言語のメッセンジャー空間 M_{cB} の中の述語と受け取り，それらの述語が作る言語 S_B の中の理論を作る．

そして，この理論の言語 S_B における情報量を計算して，概念『鉄$_B$』に到達できれば，A君からB君への「鉄」に関する情報伝達は成功したことになる．

この例で分かるように，異なる2人の人間という機械の間の情報伝達は，同じ構造を持つ言語を用いて行なわれる．

たとえ情報の送り手が心の中に描いている映像そのものが何であるか分からなくてもよいのである．その場合でも，内部ブラウン管に描かれている映像(という概念)同士の関係は，それらを意味として持つ言葉の組み合せとして表現される．すると，情報の受け取り手は，それらの組み合せを，言葉の組み合せでなく，記号の組み合せとして読み取る．次に，それらの記号に彼固有の意味を付加することにより，彼の内部ブラウン管に，対応する映像同士の関係が描かれる．

この意味での情報伝達がわれわれの現実にしている情報伝達ではないかと思われる．

なお，今までの議論は，情報の送り手と受け取り手との間で，概念が互いにできあがっている場合の情報伝達であった．

しかし，情報の送り手の概念地図の中にはできあがっている概念で，情報の受け取り手の概念地図の中には，未だ存在しない概念に関する情報伝達も可能である．

この場合，情報の受け取り手は，送られた理論から，新しい概念を自分自身の概念地図の中に作り出すのある．(第2章の概念の構成の部分を参照されたい．)

教育の場面で行なわれている情報伝達は，この意味での情報伝達である．

また，理論を用いた情報伝達において，情報の送り手は"理論"と呼ばれる述語の集まりを受け取り手に提示する．

その場合，情報の送り手は，その"理論"がどの情報点に関する理論であるかを知っている．したがって，彼にとって，その理論の中の述語は，情報点と組になった，命題である．

一方，情報の受け取り手は，その理論がどの情報点に関する理論であるか知らないから，彼にとって，その理論の中の述語は，あくまで述語である．

このようにして，情報の送り手は理論を
> "正しい命題の集まり"

と眺め，情報の受け取り手は理論を
> "述語の集まり"

と見ているのである．

いわゆる，ユークリッドの幾何学の(公理的)理論とか，実数の理論とかも，それを知っている人には命題の集まりに，知らない人には述語の集まりにみえるのである．

伝統的な意味での理論，すなわち，正しい命題の集まりとしての理論を
> "古典的な理論"，

抽象代数の理論のような述語(条件)の集まりとしての理論を
> "現代的な理論"

と呼ぶことにすると，正しい命題の集まりとしての古典的な理論を，

情報の受け取り手の立場にたって，述語の集まりとして整理することにより現代的な理論が出てきたのである．

§8 命題の運ぶ情報

与えられた命題（原始命題にせよ，複合命題にせよ）がどんな情報を保存し，運んでいるかを知るためには，その命題をどの述語言語の中の命題と思うかを決めないといけない．同じ命題でも，それを組み込む言語の取り方によって異なる情報を運ぶようになる．

述語言語 $S = \langle I, M, D \rangle$ の中の命題とは，I の中の概念の組

$$a = \langle a_1, a_2, \cdots, a_n \rangle$$

と M の中の述語 $P(x)$ を用いて

$$P(\lceil a \rfloor)$$

の形で表わされる命題であった．

したがって，命題 P を述語言語 $S = \langle I, M, D \rangle$ の中の命題と思うということは，適当な述語 $P(x)$ と概念の組 a を用いて命題 P を $P(\lceil a \rfloor)$ の形で表わすことである．

すると，この命題が運ぶ情報とは，概念の組

$$a = \langle a_1, a_2, \cdots, a_n \rangle$$

を言葉化して得られる言葉の組

$$\lceil a \rfloor = \langle \lceil a_1 \rfloor, \lceil a_2 \rfloor, \cdots, \lceil a_n \rfloor \rangle$$

の中の，言葉

$$\lceil a_1 \rfloor, \lceil a_2 \rfloor, \cdots, \lceil a_n \rfloor$$

の意味に関する情報ということになる．

そこで，言葉の意味の伝達場面で，与えられた命題 P がどのような情報を運ぶかを具体的に眺めてみよう．

いま，具体的な情報伝達場面を設定し，情報の送り手が命題 P を受け取り手に送ったとする．

もし，命題 P が受け取り手にとっても"命題"であったら，すなわち，命題 P を構成しているすべての言葉の意味を情報の受け取り手も知っていたら，命題 P は何の情報も運ばない．

命題 P が言葉の意味に関する情報を運ぶのは，情報の送り手には命題であっても，受け取り手には命題でない場合である．

言い替えると，情報の受け取り手にとって意味の分からない言葉が P の中にいくつかある場合に，はじめて，命題 P は言葉の意味に関する情報を運ぶのである．

そこで，命題 P の中のこれらの(受け取り手にとっての)意味不明言葉を

$$「a_1」, 「a_2」, \cdots, 「a_n」$$

とし，命題 P を

$$P(「a_1」, 「a_2」, \cdots, 「a_n」)$$

の形に表わす．

次に，これらの言葉を，変数

$$x_1, x_2, \cdots, x_n$$

で置き換えると，n 個の変数に関する述語

$$P(x_1, x_2, \cdots, x_n)$$

ができる．

次に，これらの変数を縮約して得られる変数を x とすると，すなわち

$$x = \langle x_1, x_2, \cdots, x_n \rangle$$

とすると，この述語は，変数 x の述語として

$$P((x)_1, (x)_2, \cdots, (x)_n)$$

と表わせる．

この述語を改めて

$$P(x)$$

§8 命題の運ぶ情報

で表わす.

さらに, 意味不明言葉

$$\lceil a_1 \rfloor, \lceil a_2 \rfloor, \cdots, \lceil a_n \rfloor$$

のそれぞれの意味である概念

$$a_1, a_2, \cdots, a_n$$

を並べてできる概念の組を a とすると

$$a = \langle a_1, a_2, \cdots, a_n \rangle$$

であり, a の言葉化「a」は

$$\langle \lceil a_1 \rfloor, \lceil a_2 \rfloor, \cdots, \lceil a_n \rfloor \rangle$$

となる.

すると, もともとの命題 P は $P(\lceil a \rfloor)$ と表わせる.

したがって, この場合, 命題 P は意味不明言葉

$$\lceil a_1 \rfloor, \lceil a_2 \rfloor, \cdots, \lceil a_n \rfloor$$

のそれぞれの意味

$$a_1, a_2, \cdots, a_n$$

に関する情報を運ぶことになる.

例えば, 命題

「3 は 2 より大きい.」

を構成している言葉のうち, 言葉「3」と言葉「2」が(情報の受け取り手にとっての)意味不明言葉であったとすると, この命題を情報の受け取り手は概念式

「$\underline{3}$ は $\underline{2}$ より大きい.」

と眺める.

そこで, この命題の中の意味不明言葉「3」,「2」をそれぞれ変数

$$x_1, \quad x_2$$

で置き換えると, 2つの変数に関する述語

「x_1 は x_2 より大きい.」

ができる．

次に，これらの変数を縮約して得られる変数を x とすると，すなわち
$$x = \langle x_1, x_2 \rangle$$
とすると，この述語は，変数 x の述語として

「$(x)_1$ は $(x)_2$ より大きい．」

と表わせる．

この述語を改めて
$$P(x)$$
で表わす．

さらに，意味不明言葉

「3」，「2」

のそれぞれの意味である概念

『3』，『2』

を並べてできる概念の組を a とすると
$$a = \langle \text{『3』}, \text{『2』} \rangle$$
であり，a の言葉化「a」は

$\langle \text{「3」}, \text{「2」} \rangle$

となる．

すると，もともとの命題

「3 は 2 より大きい．」

は
$$P(\text{「}a\text{」})$$
と表わせる．

したがって，この場合，命題「3 は 2 より大きい．」は意味不明言葉

「3」，「2」

のそれぞれの意味

『3』, 『2』

に関する情報を運ぶことになる.

　命題をこのように捉えると，今までの論理学で問題になってきた多くのことがある程度すっきり解決される．そのような問題をいくつか取り上げてみよう.

1) 「雪は白く，そして，1+1は2である.」

　論理学が取り扱う命題が人工的で不自然である例としてこの命題がよく取り上げられる．しかし，上で説明したように，命題がどんな情報を運ぶかを議論するには，その命題をどの述語言語の中で考えるかを明瞭にする必要がある．そこで，その作業を，この命題に行なってみられたい．そうすれば，このようなものが，情報伝達という観点からは一人前の命題でないことは明らかである.

　というのは，この命題がある述語言語の中の情報点と述語から構成される命題と考えたとき，その言語において，実際に，この命題はどのような情報点とどのような述語(メッセンジャー)との組み合せで表わされるのであろうか．例えば，命題

「雪は白い.」

を情報点『雪』と述語「x は白い.」に分解して(その分解に対応する言語の中の命題と思って)みると，この命題の運ぶ情報は，述語「x は白い.」で運ばれる，言葉「雪」の意味『雪』に関する情報である.

　したがって，この命題「雪は白い.」と連言が取れる命題は，同じ情報点『雪』と変数 x の述語 $P(x)$ に分解されないといけない.

　そして，これらに連言という論理的な言葉を組み合わせると，情報点『雪』と述語「x は白く，そして，$P(x)$」で構成される命題

「雪は白く，そして，$P(雪)$.」

が得られるのである.

ここで分かったことは，2つの命題 p, q の連言を取るときは，それらを同じ情報点 a (したがって同じ述語言語の中の)を持つ命題とみなし，それらを，

$$\text{情報点 } a \text{ と述語 } P(x)$$
$$\text{情報点 } a \text{ と述語 } Q(x)$$

の組み合せとしてそれぞれ表わしてから，その連言を

$$\text{情報点 } a \text{ と述語 } P(x) \wedge Q(x)$$

の組み合せとしなければいけないということである．(論理語はメッセンジャーからメッセンジャーを作る言葉であるから，この場合，論理語は述語から述語を作る言葉であり，命題から命題を作る言葉ではないことに注意されたい.)

この立場に立ったとき，与えられた命題

「雪は白く，そして，1+1は2である.」

が，見かけ上は命題の形をしていても，情報という観点からは一人前の命題の資格のないものであることがすぐにお分かり頂けると思う.

2) 「風が吹けば桶屋が儲かる.」

この命題も，今までの論理学が不十分であることの例として出されることが多い．ここで問題なのは有限個の命題の列

$$p_1, p_2, p_3, \cdots, p_n$$

があって，各命題から次の命題が論理的に導かれるように見えるのに，最初の命題から最後の命題は明らかに論理的には導かれないという状況である．この例では，命題「風が吹く.」を最初の命題，命題「桶屋が儲かる.」を最後の命題とするこのような命題の列が作られる．

しかし，命題から命題が論理的に導かれるという言い方が不正確

§8 命題の運ぶ情報

なので、正確には、適当な述語言語をとり、その述語言語において、これらの命題を共通の情報点 a と述語に分解して

$$P_1(\lceil a \rfloor), P_2(\lceil a \rfloor), P_3(\lceil a \rfloor), \cdots, P_n(\lceil a \rfloor)$$

としたときに、この分解の中の各述語から次の述語が論理的に導かれるということである。すると、この桶屋の命題についてそのような分解ができるであろうか。

できるはずはないであろう。実際、いろいろな本に書かれている命題「風が吹く.」から命題「桶屋が儲かる.」にいたる命題の列を構成している命題の情報点は少しずつずれている。そして、そのズレがだんだん大きくなり、最初と最後では、見た目にもそのズレが見えるためにおかしいと感じるのであろう。

3)「この命題は正しくない.」

いわゆる形而上学的な命題のほとんどは、このタイプの命題である。これは見かけ上命題の形をしているが、実は命題でも何でもないのである。というのは、もしこれが命題ならば、これを情報点と述語に分解できるはずである。そんなことはできるはずがないと思う。実際、情報点をはっきりさせようと思うと、その前に命題自身が分からなければならなくなり、命題をはっきりさせようとすると情報点が分からないと旨くいかなくなる。つまり、情報点と述語にこれを分解することは不可能なのである。

4)「定理1と定理2は等値である.」

定理というのは正しい命題である。すると、定理1も定理2も正しい命題である。それが等値というのはどういうことか。もし、この命題が意味を持つなら、

「「雪は白い.」と「$1+1=2$」は等値である.」

といってもよいことにならないだろうか。

これが問題である。実は、

「定理1と定理2は等値である.」
といったとき，定理1も定理2も同じ情報点 a を用いて
$$P(\ulcorner a \urcorner) \quad \text{と} \quad P'(\ulcorner a \urcorner)$$
のように分解されており，しかも，2つの述語 $P(x)$ と $P'(x)$ は等値な述語(同じ情報量を持つ述語, 同じ真理集合を持つ述語)になっているのである. また，等値な述語でなくても, 命題
$$Q(\ulcorner a \urcorner)$$
を正しくする述語 $Q(x)$ が取れて, 2つの述語
$$P(x) \wedge Q(x) \quad \text{と} \quad P'(x) \wedge Q(x)$$
が等値になるという状況でも，この命題は用いられる. すなわち，$Q(x)$ の実例 (a はその1つ) となる情報点に関しては, 2つの述語 $P(x)$ と $P'(x)$ は等値になるのである.

このような状況が隠れている時に上のような命題が意味を持つのである.

§9 論理と理論の違い

理論と論理がまったく別のモノであることを，今までに何度となく説明してきた.

しかし，

「集合の理論」，「集合の論理」，

「自然数の理論」，「自然数の論理」

といった言葉の使い方において，

"集合"と"理論", "集合"と"論理"

"自然数"と"理論", "自然数"と"論理"

の関係について，また，別の問題がある. そこで，この§では, この点に関する考察を行なう.

まず，われわれは，常に，具体的な情報伝達の場面において, こ

§9 論理と理論の違い

れらのことを考察する必要がある.

いま,情報の送り手も受け取り手も,共に,それぞれの概念地図の中に集合の概念,自然数の概念をもっているとする.その場合,概念は内部言語の上の理論から作られた.

したがって,集合の概念ができているということは,それぞれの概念地図の中にある内部言語があって,その内部言語の上の理論から,概念化という操作により『集合』ができたはずである.(個々の具体的な犬の辞書データから,概念としての『犬』ができたように,個々の具体的な集合の辞書データから,概念としての『集合』ができた.)

すると,集合の概念を作りだした内部言語上の理論,あるいは,その内部言語を言語化して得られる述語言語の上の対応する理論が

"集合の理論"

になる.

同様に,自然数の概念を作りだした内部言語上の理論,あるいは,その内部言語を言語化して得られる述語言語の上の対応する理論が

"自然数の理論"

である.

一方,集合の概念ができると,それを部分構造データの中に取り込んだ内部言語ができる.例えば,『集合』の概念ができると,部分構造データ

「○は『集合』である.」

がメッセンジャーとして組み込まれた内部言語ができる.この部分構造データを言葉化した述語

「x は集合である.」

を考えて頂いてもよい.

すると,この部分構造データというメッセンジャーが論理的なメ

ッセンジャーになるような内部言語ができる．

　言い替えると，概念としての『集合』の外延を情報空間とする内部言語ができる．

　この内部言語の情報点は，すべて，具体的な集合である．したがって，この内部言語を言語化して得られる述語言語を用いて情報伝達を行なう場合には，集合というモノはお互いによく分かっているという前提で情報伝達が行なわれる．

　このような内部言語，あるいは，その内部言語を言語化して得られる述語言語が

　　　　　　　　　　"集合の言語"

であり，この言語の上の論理が

　　　　　　　　　　"集合の論理"

である．

　同様に，概念『自然数』の外延を情報空間とする内部言語，あるいは，その内部言語を言語化して得られる述語言語が

　　　　　　　　　　"自然数の言語"

であり，この言語の上の論理が

　　　　　　　　　　"自然数の論理"

である．

　次に，集合という概念に関する情報伝達の場面を考えよう．以前に説明したように，集合という概念に関する情報伝達という場合には，情報の送り手と，受け取り手の両方が，それぞれの概念地図上に，それぞれの集合の概念をもっている場合と，送り手の概念地図上には集合の概念ができているが，受け取り手の概念地図上にはそれができていない場合の情報伝達がある．

　しかし，後者は前者の応用と考えられるから，前者の場合の情報伝達を考える．

§9 論理と理論の違い

　この場合，情報の送り手と，受け取り手の両方が，それぞれの概念地図上に，それぞれの集合の概念をもっているし，両方とも，記号<u>集合</u>を知っている．しかし，情報の送り手は，彼の概念地図上の『集合』と記号<u>集合</u>を結びつけて，言葉「集合」を用いている．ところが，受け取り手は，彼の概念地図上の『集合』と記号<u>集合</u>が結びつかないために，言葉としての「集合」を，送り手と同じようには用いることができない．

　ところが，この両者は言葉「自然数」を用いることができる．したがって，自然数の言語 S_{num} を情報伝達に用いることができる．

　そこで，情報の送り手は，『自然数』を用いて『集合』の模型を作る．具体的には，『集合』と(ある範囲で)同じ構造を持つ自然数の集まり X を作り，X に入る自然数を集合と呼ぶ．すると，集合とは，X に入る自然数とみなせることになる．

　そこで，X の S_{num} における理論 T を情報の受け取り手に送ると，受け取り手は，T を眺めて，X を自分自身の自然数の世界に再現させ，それと同じ構造を持つものとして，「集合」の意味が，あの『集合』であることに気が付く．

　この場合，情報の送り手から受け取り手に送られた理論は，『自然数』を用いて作られる『集合』の模型の，自然数の言語における理論である．

　そこで，そのような理論を

　　　　　　　　"自然数論的集合論"

という．

　同様に，集合の言語 S_{set} を用いて『自然数』の模型を作ったとき，その模型の S_{set} における理論が

　　　　　　　　"集合論的自然数論"

である．

§10 論理の完全性と理論の完全性

論理と理論の違いについて説明をしたところで，完全性という言葉にまつわる両者の違いについて説明することにする．そのために，先ず，計算可能性に関連した概念の説明から始める．

"論理の完全性"

という概念はこの計算可能性という概念に関連する概念であるのに対して，

"理論の完全性"

という概念は，計算可能性とはまったく関係ない概念であり，この2つの完全性は基本的には異なるものである．

ゲーデルの完全性定理と呼ばれる定理が論理の完全性に関する定理であるのに対して，ゲーデルの不完全性定理と呼ばれる定理は理論の完全性に関する定理である．

ところが，このよく似た名前のおかげか，論理の完全性と理論の完全性の違いがはっきりしない文献を多く見かける．

さらに悪いことに，ゲーデルの不完全性定理の『完全性』という概念には計算可能性が関係していないにもかかわらず，その証明には計算可能性が深くかかわっている．

さらにもっと悪いことに，ゲーデルの不完全性定理の元々の論文の題名に，"決定不能命題について"という言葉が入り込んでいて，しかもこの"決定不能"という言葉は"具体的には決定不能"という計算可能性に関する言葉とは無関係の言葉なのである．

こういった込み入った事情があるので，ここでは論理の完全性と，理論の完全性の違いを，計算可能性という概念を用いて明らかにする．

1) 計算可能性

集合 X とその部分集合 Y がなんらかの意味で与えられていると

§10 論理の完全性と理論の完全性

き,

　　　「Y が X の中で "計算可能"(帰納的)である.」

とは X の元を入力とする計算機で, X の元をどのように取ってその計算機に入力として入れても, それが Y に入れば "YES" と答え, Y に入っていなければ "NO" と答えてくれるような計算機を作ることができることであり,

　　　「Y が X の中で "半計算可能"(帰納的に可算)である.」

とは X の元を入力とする計算機で, X の元をどのように取ってその計算機に入力として入れても, それが Y に入れば有限時間の後に停止し, Y に入っていなければ永久に停止しないような計算機ができることである.

すると, Y が X の中で計算可能であれば, 当然 Y は X の中で半計算可能になる.

もちろん, 集合 X の元を計算機に入力として入れるのであるから, X の元は抽象的なものでなく, 具体的なものであり, 計算機に入力として入れられるものでなければならない.

実際には, X は具体的にきちんと定められた記号を, 具体的にきちんと定められた規則に従って並べてできる記号列の集まりである.

しかし, X 自身は抽象的な元からなる集合であったとしても, X の各元 s に, 具体的に, 記号列 $s^\#$ を対応させることができる. そのような記号列の全体 $X^\#$ が上の条件を満たすならば, やはり X の元を計算機への入力として用いることができると考えてよいであろう.

例えば, 1つの記号？を取り, この記号？を有限個並べてできる記号列の全体を X とすると, この X は上の条件を満たす. そこで, 自然数 n に X の中の長さ n の記号列 $n^\#$ を対応させれば, 自然数を

計算機の入力として用いてよいことになる.

次に, 述語言語
$$S = \langle I, M, D \rangle$$
の上の論理と理論を完全性という視点からながめよう.

話を分かりやすくするために, 情報空間 I の中の情報点を, 次のように

『鉄』, 『銅』, 『銀』, 『亜鉛』

といった個々の金属の概念であるとし, これら金属に関する情報が述語言語 S の中の述語に保存されているものとする.

この時, メッセンジャーとしては

「x の比重は 0.5 である.」

「x は水に溶ける.」

「x は電気を通す.」

「x はダイヤモンドより硬い.」

といった述語があるであろう.

すると, この言語の中の述語は, 変数 x と言葉の組み合せであるから, それらの言葉から意味をとり, 単なる記号とすると, これらの述語は単なる記号の列になり, 計算機にこれらの述語を入力することができる.

したがって, 述語の集まりも, 記号列の集まりとみなせるから, 述語の集まりとしての理論が計算可能であるとか, 半計算可能であるとかいうことを問題にすることができる.

2) 論理の完全性

すると, この言語 S の上の論理とは, S の中の有限個の述語と 1 つの述語の間の "論理的に導かれる" という関係であった. この関係が半計算可能なとき,

「言語 S の上の論理は完全である.」

と言う．ここで，有限個の述語と1つの述語の間の"論理的に導かれる"という関係が半計算可能であるとは，述語の有限列

$$\langle P_1(x), P_2(x), \cdots, P_n(x), P(x) \rangle$$

を入力とする計算機で，このような述語の有限列をどのように取ってその計算機に入力として入れても，

$$P_1(x), P_2(x), \cdots, P_n(x) \vDash_S P(x)$$

が成り立てば有限時間の後に停止し，成り立たなければ永久に停止しないような計算機ができることである．

一方，第1章§9のメッセンジャーに関する演繹定理から，

$$P_1(x), P_2(x), \cdots, P_n(x) \vDash_S P(x)$$

となることと，述語

$$P_1(x) \wedge P_2(x) \wedge \cdots \wedge P_n(x) \to P(x)$$

が論理的なメッセンジャーになることは，同じことであった．

そこで，論理的なメッセンジャーとなる述語全体を Tr_S とすると，Tr_S は S の上の1つの理論であり，

「S の上の論理が完全になる．」

ことと

「理論 Tr_S が M の中で半計算可能になる．」

こととが同じことになる．

したがって，言語 S の上の論理が完全であることを示すには，その言語の論理的なメッセンジャーの全体 Tr_S がメッセンジャー空間の中で半計算可能になることを示せばよい．

内部構造言語を言語化して得られる構造言語という特定の述語言語の上の論理が完全になることを，この方法で示したのが，

"ゲーデルの完全性定理"

である．すなわち

> **ゲーデルの完全性定理** 構造言語において，論理的なメッセンジャー全体の作る理論 Tr_S はメッセンジャー空間の中で半計算可能になる．

である．

もちろん，これはゲーデルの完全性定理の1つの，しかも極度に抽象的な表現であり，現実にいろいろな教科書で書かれているゲーデルの完全性定理はもう少し具体的な形をしている．

また，言語 S の上の理論 T がメッセンジャー空間 M の中で計算可能なとき，

「理論 T は言語 S の中で"決定可能"である．」

と言い，言語 S の上の理論 T がメッセンジャー空間 M の中で半計算可能なとき，

「理論 T は言語 S の中で"半決定可能"である．」

と言う．

すると，この"半決定可能"という概念を用いてゲーデルの完全性定理を書き直すと

> **ゲーデルの完全性定理** 構造言語において，論理的なメッセンジャー全体の作る理論 Tr_S は半決定可能である．

となる．

一方，

> **チャーチの定理** 構造言語において，論理的なメッセンジャー全体の作る理論 Tr_S は一般には決定可能でない．

によると，この同じ理論 Tr_S（論理という理論）は特殊な場合を除いて決定可能ではないことになる．

つまり，構造言語の論理は，一般的には半決定可能ではあるが決定可能ではないということになる．

これらの事実から，構造言語の上の"論理"という述語の間の関係は，"計算可能"になるほど分かりやすい関係ではないが，"半計算可能"になる程度には分かりやすい関係であるということになる．

3) 理論の完全性

いま説明したように，論理の完全性は(半)計算可能性ということに関連したものであったが，理論の完全性は計算可能性とはまったく関係のないものである．

第1章§8で，情報システム S について

"S の上の理論"

"S の上の完全な理論"

の説明をした．

S として述語言語という特定の情報システム

$$\langle I, M, D \rangle$$

をとり，これらの概念を書き直すと，次のようになる．

概念の組としての情報点の集合 X をとると，

"X の S における理論"

とは

$$X \subseteq \text{"}P(x) \text{ の真理集合"}$$

となる述語 $P(x)$ の全体であった．

そして，X の S における理論を

$$M_S(X)$$

で表わし，情報点の集合 X を用いて $M_S(X)$ の形で表わされる述語の集合が

"述語言語 S の上の理論"

である．

すると，概念の組としての情報点 a をとると，命題
$$P(\ulcorner a \urcorner)$$
が正しい命題になるような述語 $P(x)$ の全体は
$$M_S(\{a\}) = M_S(a)$$
であるから，述語言語 S の上の理論の例である．

また，論理的なメッセンジャー(述語)全体 Tr_S や述語全体 M も S の上の理論である．

このように，メッセンジャー空間 M の多くの部分集合が述語言語 S の上の理論になる．このような理論を，集合としての大きさで並べると，述語全体 M が，述語の集合としては最大の理論であり，理論 Tr_S は最小の理論になる．

そして，S の上の理論 T は2つの特定の理論 Tr_S と M の中間に存在する．すなわち，
$$Tr_S \subseteq T \subseteq M$$
が常に成り立つ．

そこで，理論 M を S の上の
  "矛盾した理論"
といい，M 以外の理論を，S の上の
  "無矛盾な理論"
という．

そこで，S の上の無矛盾な理論を，述語の集合として大きさの順に並べると，それより大きい無矛盾な理論が存在しない理論が出て来る．

そのような理論，すなわち，述語言語 S の上の無矛盾な理論で，それよりも大きい無矛盾な理論が存在しないような理論を
  "S の上の完全な理論"
というのであった．

すると，

> **完全な理論の特徴づけ定理** 述語言語 S の上の無矛盾な理論 T に関する次の 3 つの条件は同じ条件である．
> （i） T は完全である．
> （ii） T は 1 つの情報点の S における理論になる．
> （iii） T に入らない述語の否定は常に T に入る．

が成り立った．

したがって，無矛盾な理論 T が完全にならない（すなわち，不完全になる）ことを示すのに，上の定理の条件（iii）の否定，すなわち

「T に入らない述語 $P(x)$ で，その否定 $\neg P(x)$ も
　　　　　T に入らないものがある．」

が成り立つことを示せばよい．

このような述語，すなわち，それ自身もその否定も T の元にならない述語 $P(x)$ を理論 T の

"決定不能述語"

と言う．（この「決定不能」は，「具体的には決定不能」ということではない．）

ゲーデルは構造言語における半決定可能な（ここに計算可能性が関係する）理論 T が自然数論をある程度含めば，必ず不完全になることを証明し，しかも，そのような理論が与えられるごとに，その理論の決定不能述語を具体的（ここにも計算可能性が関係する）につくり出す方法を与えた．

これが

"ゲーデルの不完全性定理"（第一不完全性定理）

である．

すなわち，

> **ゲーデルの不完全性定理** 構造言語における半決定可能な理論 T が無矛盾で自然数論をある程度含めば，その理論の決定不能述語を具体的に作り出すことができる．

である．

　このように，理論の完全性は計算可能性とは無関係であるが，ゲーデルの不完全性定理の中には本質的に計算可能性の概念が入っている．

第4章

形式的言語と形式的論理

　この章では，第3章で取り扱った構造言語という述語言語を数学的に再構成し，数学的な言語の理論，数学的な論理の理論，数学的な理論の理論，すなわち，形式的言語，形式的論理，形式的理論の説明を行なう．

§1　述語の表現と形式的文法

　記号や記号列の概念から作られる辞書データを分解して内部言語を作り，その内部言語を言語化すると，情報点もメッセンジャーも記号から作られる述語言語ができる．このような言語を"有限言語"という．そこで，十分に大きくとった有限言語の中で，構造言語という別の言語の"述語"がその有限言語の情報点としてどのように表わせるかを説明する．

　そのために，ここで取り扱う記号や記号列の範囲を定める必要がある．

　一般に，記号の体系において，その体系で使用してよい記号の範囲を定める規則を

"記号の規則"

といい，その許された記号を用いて作られる記号列のうち，その体系で考察の対象となる記号列の範囲を定める規則を

"記号列の規則"

という．記号の規則と記号列の規則によって定まる記号の体系を

"形式的文法"

という．

　われわれが，述語を記号列として数学的に再構成するために用いる記号の体系は，ある特定の記号の規則と記号列の規則で定まるある特定の形式的文法である．

　その特定の形式的文法を一般的に説明するために，それらの記号の体系で用いる記号の範囲を前もって定めておく．

　そのために，具体的な完全述語を眺めて，どんな記号が必要か調べてみよう．

　まず，具体的な命題

　　「自然数 3 に自然数 2 を加えてできる自然数は自然数 4 よりも自然数の意味で大きくはない．」

を完全分解すると，言葉の組

$$\langle \text{「自然数」},\text{「3」},\text{「2」},\text{「加法」},\text{「4」},\text{「大きい」}\rangle$$

と 6 個の変数

$$U, u, v, f, w, R$$

の完全述語

　　「U の元 u と U の元 v の U 上の関数 f による値は U の元 w と U 上の関係 R にない．」

になる．

　ここで，この 6 個の変数を縮約することにより，上の完全述語はただ 1 つの変数 x の述語

　　「$(x)_1$ の元 $(x)_2$ と $(x)_1$ の元 $(x)_3$ の $(x)_1$ 上の関数 $(x)_4$ による値は $(x)_1$ の元 $(x)_5$ と $(x)_1$ 上の関係 $(x)_6$ にない．」

になる．

§1 述語の表現と形式的文法

この完全述語を記号列として表わすために必要な記号は

宇宙 $(x)_1$ を表わす記号

宇宙 $(x)_1$ の元 $(x)_2, (x)_3, (x)_5$ を表わす記号

宇宙 $(x)_1$ 上の関数 $(x)_4$ を表わす記号

宇宙 $(x)_1$ 上の関係 $(x)_6$ を表わす記号

論理的な言葉 "ない" を表わす記号

である.

しかし, 個々の場面で "宇宙" は1つだけしか考えないから, それを表わす特定の記号は必要ない.

したがって, 用意すべき記号は,

モノを表わす記号 "個体定数記号",

関数を表わす記号 "関数記号",

関係を表わす記号 "関係記号",

論理的な言葉を表わす記号 "論理記号"

である.

これらの他に, 変数記号が必要になる. 以上の考察から, われわれが用意する記号は次のようになる.

まず, 3種類の記号の大きな集まり,

$$\text{RED, FUN, ICO}$$

で互いに共通部分を持たないものを用意する.

REDの中の記号を "関係(定数)記号"

FUNの中の記号を "関数(定数)記号"

ICOの中の記号を "個体(定数)記号"

とそれぞれ呼ぶ. (通常はREDの中の記号を述語記号と呼ぶことが多いのであるが, 前に説明した, メッセンジャーとしての述語と混同する可能性が多いので, ここでは関係記号と呼ぶことにする.)

各関係記号と関数記号には, その変数の個数と呼ばれる自然数が

それぞれ対応させられているものとする.

自然数 n が対応させられている関係記号と関数記号をそれぞれ

"n 変数の関係記号" あるいは "n 項関係記号",

"n 変数の関数記号" あるいは "n 項関数記号"

という.

次に,

"自由変数記号" と呼ばれる無限個の記号

$$x_0, x_1, x_2, x_3, \cdots$$

"束縛変数記号" と呼ばれる無限個の記号

$$v_0, v_1, v_2, v_3, \cdots$$

"論理(定数)記号" と呼ばれる7個の記号

  ¬ (否定), ∧ (連言), ∨ (選言), → (含意)

  = (等号), ∀ (普遍量化記号), ∃ (存在量化記号)

を用意する. もちろん, これらの記号は互いに異なる記号である.

これらの記号を用いて "完全述語" を記号列として再構成するのであるが, 再構成する "完全述語" はそれぞれ, 特定の構造言語

$$\langle I, M, D \rangle$$

の中の述語であり, この特定の構造言語の中の完全述語を記号列として再構成するのに必要な記号の範囲は当然限られる.

そこで, 必要な記号の範囲を個々に定めるために, RED の十分に小さい部分集合 I (I に入っていない関係記号が十分に多くある), FUN の十分に小さい部分集合 J, ICO の十分に小さい部分集合 K に対して, この3つを並べてできる列

$$\langle I, J, K \rangle$$

を

      "型"

と呼び, σ で表わす. この σ に対して

"(型 σ をもつ)第一階の形式的文法"

と呼ばれる形式的文法

$$L(\sigma)$$

を説明する.

すると, 個々の構造言語 $\langle I, M, D \rangle$ に対して, 適当に型 σ を取ると, この構造言語の中の述語は, 形式的文法 $L(\sigma)$ の中の記号列として構成されるのである.

型 $\sigma = \langle I, J, K \rangle$ に対して, 形式的文法 $L(\sigma)$ で用いることが許される記号には, 変数記号と呼ばれる無限個の記号と, 定数記号と呼ばれる有限個または無限個の記号の2種類がある. 変数記号は自由変数記号と束縛変数記号に分かれ, 定数記号は K の中の個体定数記号, J の中の関数定数記号, I の中の関係定数記号, 論理定数記号に分かれる. これらを図示すると;

$L(\sigma)$ の記号の規則

記号の名称		記号
変数記号	自由変数記号	$x_0, x_1, x_2, x_3, \cdots$
	束縛変数記号	$v_0, v_1, v_2, v_3, \cdots$
定数記号	個体定数記号	c (c は K の中の記号)
	関数定数記号	f (f は J の中の記号)
	関係定数記号	P (P は I の中の記号)
	論理定数記号	$\neg, \wedge, \vee, \rightarrow, =, \forall, \exists$

この表の中で型 σ に依存して定まるのは, 個体定数記号の集合 K, 関数定数記号の集合 J, 関係定数記号の集合 I の3種類であり, これ以外の記号は σ に関係なく全ての $L(\sigma)$ に共通に用いられる.

この表において等号が論理定数記号の中に入っていることに注意されたい. これは, 情報の送り手と受け取り手とで, 「等しい」と言う言葉の意味(すなわち, 概念"等しい")は常に共有されている

と仮定していることを意味している.

さらに, 記号

$$x, y, z, \cdots$$

で自由変数記号を,

$$u, v, w, \cdots$$

で束縛変数記号を表わす.

例えば, x と書くと, 自由変数記号 $x_0, x_1, x_2, x_3, \cdots$ のどれかを表わしているし, u と書くと, 束縛変数記号 $v_0, v_1, v_2, v_3, \cdots$ のどれかを表わしている.

これらの記号は形式的文法 $L(\sigma)$ の中で用いることが許されている記号ではなく, 形式的文法 $L(\sigma)$ の中で用いることが許されている記号についてわれわれが言及するのに用いる記号である. このような記号を, 記号を表わす記号という意味で

"メタ記号"

という.

すると, 変数記号は構造言語 $\langle I, M, D \rangle$ の情報空間の中の意味構造の宇宙の元を表わす変数として, 個体定数記号, 関数定数記号, 関係定数記号はその意味構造の中の定数, 関数, 関係を表わす記号として, 論理定数記号: $\neg$, $\wedge$, $\vee$, $\supset$, $\forall$, $\exists$, $=$ は論理語: 否定(でない), 連言(そして), 選言(または), 含意(ならば), 普遍量化(すべて), 存在量化(ある, 存在する), 相等関係(等しい)をそれぞれ表わす記号として用意されている.

次に, $L(\sigma)$ の記号列の規則の説明をしよう. $L(\sigma)$ の記号列の規則は"項"と呼ばれる記号列を定める規則と"論理式"と呼ばれる記号列を定める規則とに分かれる. (以下では, 記号と長さ1の記号列は同一視する.)

項を定める規則

（i） 自由変数記号，個体定数記号はそれ自身項である．

（ii） f が m 変数の関数定数記号で，$t_1, t_2, \cdots, t_m$ が既に項であることが分かっている記号列のとき，これらの記号列をこの順に並べてできる記号列 $t_1{}^\smallfrown t_2{}^\smallfrown \cdots {}^\smallfrown t_m$ の先頭に記号 f を付けてできる記号列

$$f^\smallfrown t_1{}^\smallfrown t_2{}^\smallfrown \cdots {}^\smallfrown t_m$$

も項である．

（iii） 上記の(i), (ii)を何回か用いて項であることが分かる記号列以外に項と呼ばれる記号列は存在しない．

また，記号列

$$f^\smallfrown t_1{}^\smallfrown t_2{}^\smallfrown \cdots {}^\smallfrown t_m$$

を，m 変数の関数記号 f を m 個の項 $t_1, t_2, \cdots, t_m$ に施して得られる項と呼び，

$$f(t_1, t_2, \cdots, t_m)$$

で表わす．

すなわち，m 個の項 $t_1, t_2, \cdots, t_m$ から1つの項

$$f^\smallfrown t_1{}^\smallfrown t_2{}^\smallfrown \cdots {}^\smallfrown t_m$$

を作り出す操作を同じ記号 f で表わし，m 個の項 $t_1, t_2, \cdots, t_m$ に操作 f を施した結果を

$$f(t_1, t_2, \cdots, t_m)$$

と書くのである．

すると，この定義により，記号列が与えられれば，それが項になるかならないかを具体的に決定することができる．

例えば，記号列としての自由変数記号 x は(i)により項となることが分かるし，束縛変数記号 v は(i)と(iii)により項とならないこ

とが分かる.さらに,f が 2 変数の関数定数記号のとき,記号列
$$f(c, x),\ f(c, f(c, x))$$
は(i),(ii)により項となることがわかるし,記号列
$$f(c),\ f(c, f(c))$$
は(i),(ii),(iii)により項とならないことが分かる.

(注意! $f(c, x)$ は 2 つの項 c, x に操作 f を施して得られる記号列
$$\langle f, c, x \rangle$$
を表わすし,$f(c, f(c, x))$ は 2 つの項 $c, f(c, x)$ に操作 f を施して得られる記号列
$$\langle f, c, f, c, x \rangle$$
を表わす.)

次に,項を表わすメタ記号として
$$t, s, \cdots$$
を用い,論理式と呼ばれる記号列を定める規則を述べるのにこのメタ記号を用いる.

論理式を定める規則

(i) t, s が項のとき,2 つの記号列 t と s を並べてできる記号列 $t\verb|^|s$ の先頭に記号 = を付けて得られる記号列
$$=\verb|^|t\verb|^|s$$
は原始論理式である.

(ii) P が m 変数の関係定数記号で,$t_1, t_2, \cdots, t_m$ が既に項であることが分かっている記号列のとき,これらの記号列をこの順に並べてできる記号列 $t_1\verb|^|t_2\verb|^|\cdots\verb|^|t_m$ の先頭に記号 P を付けてできる記号列
$$P\verb|^|t_1\verb|^|t_2\verb|^|\cdots\verb|^|t_m$$

は原始論理式である.

(iii) F, G が既に論理式であることが分かっている記号列のとき,これらの記号列,あるいはこれらの記号列をこの順に並べてできる記号列 $F\hat{\ }G$ の先頭に記号, $\neg$, $\wedge$, $\vee$, $\rightarrow$ をそれぞれ付けてできる記号列

$$\neg\hat{\ }F$$
$$\wedge\hat{\ }F\hat{\ }G$$
$$\vee\hat{\ }F\hat{\ }G$$
$$\rightarrow\hat{\ }F\hat{\ }G$$

は全て論理式である.

(iv) F が既に論理式であることが分かっている記号列で,x が自由変数記号,v が F に出てこない束縛変数記号のとき,記号列 $F(x/v)$ の先頭に記号列 $\langle \forall, v \rangle$,あるいは,記号列 $\langle \exists, v \rangle$ をつけて得られる記号列

$$\forall\hat{\ }v\hat{\ }F(x/v)$$
$$\exists\hat{\ }v\hat{\ }F(x/v)$$

は全て論理式である.ただし,記号列 $F(x/v)$ は記号列 F の中の記号 x を全て記号 v で置き換えて得られる記号列である.

(v) 上記の (i), (ii), (iii), (iv) を何回か用いて論理式であることが分かる記号列以外に論理式と呼ばれる記号列は存在しない.

なお,原始論理式

$$=\hat{\ }t\hat{\ }s, \quad P\hat{\ }t_1\hat{\ }t_2\hat{\ }\cdots\hat{\ }t_m$$

をそれぞれ

$$t = s, \quad P(t_1, t_2, \cdots, t_m)$$

と書く.

また,論理式 F から論理式 $\neg\hat{\ }F$ を作る操作,2つの論理式 F, G

から論理式 $\wedge\hat{}F\hat{}G$, $\vee\hat{}F\hat{}G$, $\to\hat{}F\hat{}G$ を作る操作を同じ記号 $\neg$, $\wedge$, $\vee$, $\to$ で表わし，これらの操作を施して得られる論理式を，それぞれ

$$\neg F,\ F\wedge G,\ F\vee G,\ F\to G$$

で表わす．

また，論理式 F と束縛変数記号 v，自由変数記号 x から論理式

$$\forall\hat{}v\hat{}F(x/v),\quad \exists\hat{}v\hat{}F(x/v)$$

を作る操作をそれぞれ

$$(\forall v/x),\quad (\exists v/x)$$

で表わし，論理式 F にこれらの操作を施して得られる論理式をそれぞれ

$$(\forall v/x)F,\quad (\exists v/x)F$$
$$(\forall v)F,\quad (\exists v)F$$
$$(\forall v)F(x/v),\quad (\exists v)F(x/v)$$

あるいは

$$(\forall v)(F(x/v)),\quad (\exists v)(F(x/v))$$

のように書く．

自由変数記号を持たない項を

"閉項"

といい，自由変数記号を持たない論理式を

"閉論理式"

または，

"文"

という．また，論理式を表わすメタ記号として，

$$F, G, H, \cdots$$

を用いる．

項の場合と同様に，記号列が与えられれば，それが論理式になる

§1 述語の表現と形式的文法

かならないかを具体的に決定することができる.

例えば,P が 2 変数の関係定数記号で Q が 1 変数の関係定数記号のとき,

記号列
$$\langle P, c, x \rangle$$

や記号列
$$\langle \forall, v, \to, P, c, v, Q, c \rangle$$

は論理式であり,前者の論理式は
$$P(c, x)$$

と,後者の論理式は
$$(\forall v)(P(c, v) \to Q(c))$$

と書ける.

また,記号列 $\langle \neg, P, c, v \rangle$ や $\langle \exists, x, \to, P, c, x, Q, c \rangle$ は論理式にならない.

なお,論理式
$$F \equiv G$$

は論理式
$$(F \to G) \wedge (G \to F)$$

の省略形である.

2 つの型 $\sigma = \langle I, J, K \rangle$ と $\sigma' = \langle I', J', K' \rangle$ について,2 つの形式的文法 $L(\sigma)$ と形式的文法 $L(\sigma')$ を考える.σ' が σ の拡張になっているとき,即ち $I \subseteq I'$,$J \subseteq J'$,$K \subseteq K'$ のとき(このとき,σ' は σ の拡張,σ は σ' の部分型という),$L(\sigma)$ の項や論理式は全て $L(\sigma')$ の項や論理式になる.このとき,形式的文法 $L(\sigma')$ は形式的文法 $L(\sigma)$ の"拡張文法",形式的文法 $L(\sigma)$ は形式的文法 $L(\sigma')$ の"部分文法"という.

§2 構成に関する数学的帰納法

記号列から記号列を作り出す"代入"と呼ばれる操作の説明をする．

有限個の互いに異なる記号

$$a_1, a_2, \cdots, a_n$$

と，同じ個数の記号列

$$s_1, s_2, \cdots, s_n$$

(同じ記号列が出てきてもよい)に対して，与えられた記号列 s の中の記号 $a_1, a_2, \cdots, a_n$ をすべて記号列 $s_1, s_2, \cdots, s_n$ で一斉に置き換えて得られる記号列を

"記号列 s の中の記号 $a_1, a_2, \cdots, a_n$ に記号列 $s_1, s_2, \cdots, s_n$ を代入して得られる記号列"

といい，

$$sub\ s(\langle a_1, a_2, \cdots, a_n \rangle / \langle s_1, s_2, \cdots, s_n \rangle)$$

あるいは

$$s(\langle a_1, a_2, \cdots, a_n \rangle / \langle s_1, s_2, \cdots, s_n \rangle)$$

と表わす．

例えば，n が2，a_1, a_2 がそれぞれ記号 a, b，記号列 s_1, s_2 がそれぞれ記号列 $\langle e, y, o \rangle$，$\langle a, a, b \rangle$，記号列 s が $\langle b, b, a \rangle$ のとき，

$$sub\ s(\langle a_1, a_2 \rangle / \langle s_1, s_2 \rangle)$$

は

$$\langle a, a, b, a, a, b, e, y, o \rangle$$

となる．

項や論理式という記号列の中の自由変数記号に項を代入して得られる記号列に関しては次の事実が成り立つ．

代入定理 $y_1, y_2, \cdots, y_n$ は互いに異なる自由変数記号，

> $t_1, t_2, \cdots, t_n$ は項, s は項, F は論理式とするとき, 記号列
> $$sub\ s(\langle y_1, y_2, \cdots, y_n \rangle / \langle t_1, t_2, \cdots, t_n \rangle)$$
> は常に項となり, 記号列
> $$sub\ F(\langle y_1, y_2, \cdots, y_n \rangle / \langle t_1, t_2, \cdots, t_n \rangle)$$
> は常に論理式になる.

すなわち,"項"という記号列の性質,"論理式"という記号列の性質は自由変数記号への項の代入という操作のもとでも変化しない,ということをこの定理は主張している.

いわゆる数学的帰納法を用いればこの定理は証明できる. というのは, 項という記号列にしても, 論理式という記号列にしても, その記号列を構成する方法は, 簡単なもの, 既に構成されているものを用いてより複雑なものを構成するという形をしている.

したがって, この構成の順序に従って数学的帰納法を適用すること, すなわち, 既に構成されたものが問題にしている性質を持てば, それらを材料にして構成される記号列もその性質を持つことを示すこと, によって上の定理は証明できる.

この証明法をきちんと述べると,

"構成に関する帰納法"

と呼ばれる次のような事実になる.

<u>項の構成に関する帰納法</u> S を次の条件 (i), (ii) を満たす (記号列に関する) 性質とすると, 全ての項は性質 S を持つ.

（ⅰ）自由変数記号, 個体定数記号は性質 S を持つ.

（ⅱ）f が m 変数の関数定数記号で, $t_1, t_2, \cdots, t_m$ が性質 S を持つ記号列のとき, 記号列 $f(t_1, t_2, \cdots, t_m)$ も常に性質 S を持つ.

論理式の構成に関する帰納法
S を次の条件 (i), (ii), (iii) を満たす (記号列に関する) 性質とすると, 全ての論理式は性質 S を持つ.

(i) t, s が項のとき, 記号列 $t = s$ は性質 S を持つ.

(ii) P が m 変数の関係定数記号で, $t_1, t_2, \cdots, t_m$ が項であるとき, 記号列 $P(t_1, t_2, \cdots, t_m)$ は性質 S を持つ.

(iii) F, G が性質 S を持つ記号列のとき, 記号列
$$\neg F, \quad F \wedge G, \quad F \vee G, \quad F \to G$$
は全て性質 S を持つ.

(iv) F が性質 S を持つ記号列で, x が自由変数記号, v が F に出てこない束縛変数記号のとき, 記号列
$$(\forall v)(F(x/v)), \quad (\exists v)(F(x/v))$$
は全て性質 S を持つ.

構成に関する帰納法を用いて代入定理を証明するには, 記号列の性質 S として

「項 t に関して代入定理が成り立つ.」

や

「論理式 F に関して代入定理が成り立つ.」

を取ればよい.

ただし,

「項 t に関して代入定理が成り立つ.」

とは

> $y_1, y_2, \cdots, y_n$ は互いに異なる自由変数, $t_1, t_2, \cdots, t_n$ は項とするとき, 記号列
> $$sub\ t(\langle y_1, y_2, \cdots, y_n \rangle / \langle t_1, t_2, \cdots, t_n \rangle)$$
> は常に項となる.

という項 t に関する性質であり，
「論理式 F に関して代入定理が成り立つ.」
とは

> $y_1, y_2, \cdots, y_n$ は互いに異なる自由変数記号, $t_1, t_2, \cdots, t_n$ は項とするとき，記号列
> $$sub\ F(\langle y_1, y_2, \cdots, y_n \rangle / \langle t_1, t_2, \cdots, t_n \rangle)$$
> は常に論理式となる.

という論理式 F に関する性質である.

例えば，記号列の性質 S として
「項 t に関して代入定理が成り立つ.」
を取ると，項の構成に関する帰納法の中の条件(i)は
「項 x に関して代入定理が成り立つ.」
と
「項 c に関して代入定理が成り立つ.」
になるし，条件(ii)は

「m 個の項 $s_1, s_2, \cdots, s_m$ に関して代入定理が成り立ち, f が m 変数の関数記号ならば，項 $f(s_1, s_2, \cdots, s_m)$ に関しても代入定理が成り立つ.」

となる.

そして，これらが正しいことは，代入の定義から明らかである.

§3 意味構造の表現としての数学的構造

内部構造言語を言語化して得られる構造言語 $\langle I, M, D \rangle$ について，そのメッセンジャー空間 M の中の完全述語を記号列として表現すると，論理式と呼ばれる記号列ができた.

すなわち，この構造言語の中のメッセンジャーは論理式と呼ばれ

る記号列として有限言語(と呼ばれる数学的言語)の中の情報点となり，その論理式と呼ばれる情報点の有限言語における理論が形式的文法と呼ばれる理論になった．

では，次に，この述語言語の情報空間 I の中の意味構造はどのような数学的言語の中のどのような情報点として表現され，その情報点の理論はどのような理論になるのであろうか．

そのために用いられる数学的言語が

"集合言語"

と呼ばれる言語であり，構造言語の情報空間の中の意味構造は

"数学的構造"

と呼ばれる集合として，集合言語の中の情報点になる．

なお，少し一般的に言えば，数学的構造と呼ばれる情報点の集合言語における理論が

"通常の数学"

であるのに対して，数学的構造と呼ばれる情報点の次の§で述べるモデル言語における理論が

"モデルの理論"

と呼ばれる数学基礎論の一分野になる．

したがって，通常の数学とモデルの理論の違いは，その理論の主題(情報点)にあるのではなく，それらの情報点を取り扱う言語にあると言うことができる．

そこで，意味構造と呼ばれる I の中の情報点がどのような集合言語のどのような主題(情報点)になるかを説明するために，具体的な例を1つ取り上げてみよう．

具体的な例として，概念 A を宇宙とし，この宇宙の上での2項関係概念 R，1項関数概念 f と概念 A の外延の中に入る具体的なモノの概念 a の組み合せからなる意味構造

§3 意味構造の表現としての数学的構造

$$\langle A, R, f, a \rangle$$

を取り，これらの概念を，その概念の外延という集合で置き換えると，

概念 A の外延 $\boldsymbol{A}$

概念 R の外延 $\boldsymbol{R}$

概念 f の外延 $\boldsymbol{f}$

a が表わす $\boldsymbol{A}$ の中の元 $\boldsymbol{a}$

の3個の集合 $\boldsymbol{A}, \boldsymbol{R}, \boldsymbol{f}$ と集合 $\boldsymbol{A}$ の元 $\boldsymbol{a}$ の組

$$\langle \boldsymbol{A}, \boldsymbol{R}, \boldsymbol{f}, \boldsymbol{a} \rangle$$

ができる．

これが，数学的構造と呼ばれる集合である．

この例から直ちに分かるように，意味構造という構造言語の中の情報点を，集合言語の中の数学的構造と呼ばれる情報点として表現するためには，まず，集合言語とは何かが分かっていないと，きちんとした理解はできないことになる．

そこで，以下で，集合言語の説明を少し行なう．

今，勝手な集合 X を1つ取る．X の中身は必ずしも集合である必要はない．この X の部分集合の全体からなる集合を X の

"巾集合"

と言い，

$$\mathrm{POW}(X)$$

と表わす．

例えば，X が2つの自然数 $1, 2$ だけからなる集合

$$\{1, 2\}$$

のとき，その巾集合は

空集合 ϕ

1 だけからなる集合 $\{1\}$

$$2 だけからなる集合 \{2\}$$

と

$$1, 2 だけからなる集合 \{1, 2\}$$

だけを元として含む集合

$$\{\phi, \{1\}, \{2\}, \{1, 2\}\}$$

である.

　この例でも分かるように,巾集合は集合だけからなる集合である.次に,集合 X を1つ固定し(例えば,自然数の全体が作る集合 $\boldsymbol{N}$ か空集合 ϕ),集合 X の巾集合の巾集合,すなわち $\mathrm{POW}(\mathrm{POW}(X))$ を取り,さらにその巾集合,またその巾集合と取って行くと,集合の列

$$X, \mathrm{POW}(X), \mathrm{POW}(\mathrm{POW}(X)), \mathrm{POW}(\mathrm{POW}(\mathrm{POW}(X))), \cdots$$

ができる.

　すると,これらの中に入っているもの全体をひとまとめにして1つの集合ができる.この集合を

$$X_1$$

とする.

　次に,この X_1 からはじめて,X から X_1 を作ったのと同じ操作を繰り返してできる集合を

$$X_2$$

とする.

　この操作を繰り返して集合の列

$$X, X_1, X_2, X_3, X_4, \cdots$$

を作る.

　そうしたら,再びこれらの中に入っているもの全体をひとまとめにして1つの集合ができる.さらに,その集合をもとにして同じことを,できる限り何重にも繰り返す.

§3 意味構造の表現としての数学的構造

(ただし,この繰り返しを,正確に述べるには,そのための道具が必要である.例えば,"順序数"という概念を用いてよいのならば,順序数全体にわたってこの操作を繰り返せばよい.しかし,この集合の構成法は,問題の難しさを順序数の構成の部分に押しつけただけである.実際,逆に,集合を用いて順序数を構成できるのである.)こうやってできたものの集まりを集合 X から作られる集合宇宙といい,

$$V(X)$$

と書く.

ただし,X が空集合 $\emptyset$ の時は,$V(\emptyset)$ の代わりに,単に

$$V$$

と書く.

すると,この集合宇宙 $V(X)$ の元の間には,もともとの集合 X の元の間にある関係や操作(X が自然数の全体の集合の時は,自然数の間の順序関係や四則という操作等)のほかに,X の元 a と集合 U との間の関係,

「a は U の元である.」

集合 U, Y の間の関係

「Y は U の元である.」

が生じる.この関係を

"所属関係"

と呼ぶと,この所属関係ともともとの X の上の関係や操作という概念から辞書データが沢山できる.

これらの辞書データを分解することにより内部言語ができる.その内部言語を言語化して得られる述語言語のうち,$V(X)$ を情報空間とする述語言語

$$\langle V(X), M(X), D(X) \rangle$$

を
$$\text{"}X\text{ 上の集合言語"}$$
といい,特に,X が空集合の場合にできる述語言語
$$\langle V, M(\phi), D(\phi) \rangle$$
を
$$\text{"集合言語"}$$
という.

すると,数学的構造とは,集合言語の情報空間 V の元になるから,数学的構造の理論は,集合言語における1つの理論になる.

そこで,数学的構造という集合を構成するために,集合としての関係,関数,定数の説明をしよう.

今,2つのモノ a, b の対(長さ2の列)
$$\langle a, b \rangle$$
を,a だけを元として含む集合
$$\{a\}$$
と,a と b だけを元として含む集合
$$\{a, b\}$$
の2つの集合だけを元として含む集合
$$\{\{a\}, \{a, b\}\}$$
として表現する.

すると,長さ3の列
$$\langle a, b, c \rangle$$
は,a と対 $\langle b, c \rangle$ との対
$$\langle a, \langle b, c \rangle \rangle$$
と考えれば,やはり,集合となる.

同様に,各自然数 n に対して,長さ n の列
$$\langle a_1, a_2, \cdots, a_n \rangle$$

も集合になる.

次に, 空集合でない集合 U に対して, U の元の長さ n の列の全体が作る集合を

"集合 U の n 直積集合"

といい,

$$U^n$$

で表わす.

例えば, U が 1 と 2 だけからなる集合

$$\{1, 2\}$$

のとき,

$$U^2 = \{\langle 1,1\rangle, \langle 1,2\rangle, \langle 2,1\rangle, \langle 2,2\rangle\}$$

となる.

そして, 集合 U^n の部分集合を U 上の "n 項関係"(あるいは "n 変数の関係")と呼ぶ.

また, U^n から U への写像を U 上の "n 項関数"(あるいは "n 変数の関数"), U の元を U 上の "定数" と呼ぶ.

すると, U 上の n 項関数 f は, U の中の n 個の元

$$a_1, a_2, \cdots, a_n$$

と, f によるその像

$$f(a_1, a_2, \cdots, a_n)$$

からなる長さ $n+1$ の列

$$\langle a_1, a_2, \cdots, a_n, f(a_1, a_2, \cdots, a_n)\rangle$$

全体からなる U^{n+1} の部分集合(関数 f の "グラフ" という)と見なせるから, やはり集合になる.

そこで, 型 $\sigma = \langle I, J, K\rangle$ に対して,

空集合でない集合 U

と, 関係記号の集まり I, 関数記号の集まり J, 定数記号の集まり

K の和集合

$$I \cup J \cup K$$

の上で定義された関数 $\mathfrak{A}$ について，$I \cup J \cup K$ の中の各記号 s の $\mathfrak{A}$ による値 $\mathfrak{A}(s)$ が

$\quad\quad$ $\mathfrak{A}(P)$ は U 上の n 項関係 (P は I の中の n 項関係記号)

$\quad\quad$ $\mathfrak{A}(f)$ は U 上の n 項関数 (f は J の中の n 項関数記号)

$\quad\quad$ $\mathfrak{A}(c)$ は U 上の定数 (c は K の中の定数記号)

という条件を満たしているとき，U と $\mathfrak{A}$ の対

$$\langle U, \mathfrak{A} \rangle$$

を

$$\text{"型 } \sigma \text{ の数学的構造"}$$

という．

現実には，集合 U を省略して $\langle U, \mathfrak{A} \rangle$ の代わりに $\mathfrak{A}$ だけで数学的構造 $\langle U, \mathfrak{A} \rangle$ を表わすことが多い．

すると，U も $\mathfrak{A}$ も集合になるから，その対としての数学的構造自身が集合になる．

型 σ の数学的構造 $\mathfrak{A} = \langle U, \mathfrak{A} \rangle$ に対して，U をこの数学的構造 $\mathfrak{A}$ の

$$\text{"宇宙"}$$

といい，

$$|\mathfrak{A}|$$

で表わし，σ を数学的構造 $\mathfrak{A}$ の型といい

$$\sigma(\mathfrak{A})$$

で表わす．

また，I の中の n 項関係記号 P, J の中の n 項関数記号 f, K の中の定数記号 c に対して，

$$\mathfrak{A}(P), \quad \mathfrak{A}(f), \quad \mathfrak{A}(c)$$

をそれぞれ，数学的構造 $\mathfrak{A}$ における関係記号 P, 関数記号 f, 定数記号 c の

"解釈"

という．

例えば，1つの2項関係記号 P, 2つの2項関数記号 f, g と2つの定数記号 c, d を取り，

$$I = \{P\}, \quad J = \{f, g\}, \quad K = \{c, d\}$$

として，型 $\sigma = \langle I, J, K \rangle$ を定める．

すると，

　自然数の全体の集合 N を宇宙とし，
　2項関係記号 P の解釈は大小関係 "$<$"
　2項関数記号 f の解釈は足し算　"$+$"
　2項関数記号 g の解釈はかけ算　"$\times$"
　　定数記号 c の解釈は　　　　　"0"
　　定数記号 d の解釈は　　　　　"1"

となる数学的構造 $\mathfrak{A}$ は

$$|\mathfrak{A}| = N$$
$$\mathfrak{A}(P) = <$$
$$\mathfrak{A}(f) = +$$
$$\mathfrak{A}(g) = \times$$
$$\mathfrak{A}(c) = 0$$
$$\mathfrak{A}(d) = 1$$

で定まる数学的構造であり，その型 $\sigma(\mathfrak{A})$ は

$$\langle \{P\}, \{f, g\}, \{c, d\} \rangle$$

である．

この数学的構造を

"自然数論の標準モデル"

という.

このように，具体的な数学的構造を書くときに，その型 σ や，型 σ の中の関係記号，関数記号，定数記号の解釈を定義通り書いていたのでは大変なので，混乱を起さない範囲内で適当に省略して数学的構造を表現する.

例えば，上の自然数論の標準モデルは

$$\langle \boldsymbol{N}, <, +, \times, 0, 1 \rangle$$

のように省略して書く.

2つの型 $\langle I, J, K \rangle$ と $\langle I', J', K' \rangle$ について，I, J, K がそれぞれ I', J', K' の部分集合になっているとき，

"型 $\langle I', J', K' \rangle$ は型 $\langle I, J, K \rangle$ の拡張"

といい

$$\langle I, J, K \rangle \subseteq \langle I', J', K' \rangle$$

と書く.

同じ宇宙を持つ2つの数学的構造，$\mathfrak{A}, \mathfrak{A}'$ について，$\mathfrak{A}'$ の型 $\langle I', J', K' \rangle$ が $\mathfrak{A}$ の型 $\langle I, J, K \rangle$ の拡張になっていて，しかも，I, J, K の各元 P, f, c について，$\mathfrak{A}(P), \mathfrak{A}(f), \mathfrak{A}(c)$ がそれぞれ $\mathfrak{A}'(P), \mathfrak{A}'(f), \mathfrak{A}'(c)$ に一致するとき，

$$\mathfrak{A}' \upharpoonright \sigma(\mathfrak{A}) = \mathfrak{A}$$

と書き，

"$\mathfrak{A}'$ は $\mathfrak{A}$ の拡張"

という.

例えば，数学的構造

$$\langle \boldsymbol{N}, <, +, \times, 0, 1 \rangle$$

は数学的構造

$$\langle \boldsymbol{N}, <, \times, 0 \rangle$$

の拡張である.

すなわち，数学的構造 $\mathfrak{A}'$ が数学的構造 $\mathfrak{A}$ の拡張になるとは，数学的構造 $\mathfrak{A}$ に新しい関係，関数，定数をいくつか付加して構造 $\mathfrak{A}'$ ができているということを意味している．

ついでに，同じ型 $\langle I, J, K \rangle$ を持つ2つの数学的構造 $\mathfrak{A}, \mathfrak{A}'$ について，

$$\mathfrak{A} \text{ の宇宙 } |\mathfrak{A}| \text{ は } \mathfrak{A}' \text{ の宇宙 } |\mathfrak{A}'| \text{ の部分集合}$$

になり，しかも，I, J, K の各元 P, f, c について，

$$\mathfrak{A}'(P) \text{ を } |\mathfrak{A}| \text{ に制限すると } \mathfrak{A}(P)$$
$$\mathfrak{A}'(f) \text{ を } |\mathfrak{A}| \text{ に制限すると } \mathfrak{A}(f)$$
$$\mathfrak{A}'(c) = \mathfrak{A}(c)$$

となるとき

$$\mathfrak{A} \subseteq \mathfrak{A}'$$

と書き，

"$\mathfrak{A}'$ は $\mathfrak{A}$ の拡大"

あるいは

"$\mathfrak{A}$ は $\mathfrak{A}'$ の部分構造"

という．

例えば，数学的構造

$$\langle \boldsymbol{N}, <, +, \times, 0, 1 \rangle$$

は数学的構造

$$\langle \boldsymbol{R}, <, +, \times, 0, 1 \rangle$$

の部分構造である(ただし，$\boldsymbol{R}$ は実数全体の集合である)．

§4 辞書の数学的構成

構造言語 $\langle I, M, D \rangle$ を数学的に表現すると，メッセンジャー空間 M の中の完全述語は，適当な型 σ を取ると，型 σ の形式的文法 $L(\sigma)$ の中の論理式(正確には閉論理式)と呼ばれる記号列になった

し，情報空間 I の中の意味構造は，型 σ の数学的構造という集合になった．

すると，メッセンジャーと情報点の間の関係を規定する辞書 D は，閉論理式という記号列と数学的構造と呼ばれる集合の間の関係として数学的に表現できる．

そのためには，論理式という記号列と，数学的構造という集合の両方を同時に取り扱う言語が必要である．そのための言語を

"モデル言語"

という．

モデル言語は，集合言語の構成において説明した集合 X 上の集合言語の一種である．集合 X として，前の § で取った関係記号，関数記号，定数記号の十分に大きな集まり

RED, FUN, ICO

無限個の自由変数記号

$x_0, x_1, x_2, x_3, \cdots$

無限個の束縛変数記号

$v_0, v_1, v_2, v_3, \cdots$

論理(定数)記号

$\neg, \wedge, \vee, \rightarrow, =, \forall, \exists$

からできる記号列の全体 X を取り，この集合 X から得られる X 上の集合言語

$$\langle V(X), M(X), D(X) \rangle$$

をモデル言語と言う．

すると，このモデル言語においては，どんな型 σ を取っても，

"型 σ の数学的構造という集合の全体"

"型 σ の形式的文法 $L(\sigma)$ の中の閉論理式という記号列の全体"

はともに，このモデル言語の情報空間 $V(X)$ の一部をなす．

§4 辞書の数学的構成

したがって，型 σ の数学的構造と $L(\sigma)$ の中の閉論理式との間の辞書も，このモデル言語の中の理論となる．すなわち，この辞書はこのモデル言語の情報点の間の関係として，モデル言語のメッセンジャー空間の中でのメッセンジャーの集まりで規定することができる．

これが数学的に構成された辞書である．

そこで，型 σ に対して，モデル言語の中で構成された辞書を

$$D(\sigma)$$

と書くことにすると，型 σ の数学的構造の全体

$$\mathrm{Mod}(\sigma)$$

を情報空間，型 σ の形式的文法 $L(\sigma)$ の中の閉論理式の全体

$$F(\sigma)$$

をメッセンジャー空間とし，辞書 $D(\sigma)$ を持つ情報システム

$$\langle \mathrm{Mod}(\sigma), F(\sigma), D(\sigma) \rangle$$

ができる．

これが，構造言語を数学的に再構成して得られる，数学的，形式的に構成された情報システムである．

この形式的情報システムを

"型 σ を持つ第一階の形式的言語"

と呼び

$$\boldsymbol{L}(\sigma)$$

で表わす．

すると，この情報システムは，数学的にはっきりした情報空間，メッセンジャー空間，辞書からなる，数学的にきちんと定まった情報システムである．

したがって，この情報システムの上の論理や理論もきちんと数学的に定まった論理であり，理論になる．

すなわち，数学の対象になる言語，論理，理論ができたことになる．

この数学的にきちんと定まった言語，論理，理論を
　　　　"形式的言語"　あるいは　"数学的言語"
　　　　　　　　"形式的論理"
　　　　　　　　"形式的理論"
とそれぞれ言う．

そして，これらの形式的言語，論理，理論のモデル言語の中での数学的な理論が構成できる．これが
　　　　　　　　"モデルの理論"
と呼ばれる数学基礎論の一分野である．

そこで，この§では数学的な辞書 $D(\sigma)$ の構成方法を以下で説明する．

今，1つの型 $\sigma = \langle I, J, K \rangle$ を固定し，型 σ の数学的構造 $\mathfrak{A}$ を左端に縦に並べ，形式的文法 $L(\sigma)$ の中の閉論理式 F の全体を上端に横に並べてできるます目構造をつくる．そして，数学的構造 $\mathfrak{A}$ の行と，閉論理式 F の列が交わってできるます目
$$[\mathfrak{A}, F]$$
に○か×を書いて新しい辞書
$$D(\sigma)$$
を作りたい（下図参照）．

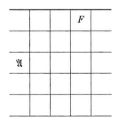

しかし，この新しい辞書 $D(\sigma)$ を作るのに，記号列としての閉論理式 F の長さに関する数学的帰納法を用い，閉論理式 F より短い閉論理式の列にあるます目には○か×が全部書かれていると仮定して，閉論理式 F の列のます目に○か×を書いて行こうとすると，都合の悪いことがおこる．

それは，F 自身が自由変数記号を持たない閉論理式であっても，F をより短い記号列に分解していく過程で事実上自由変数記号を持つ論理式が出てきてしまうことである．

この障害を避けるために，型 σ を固定することをやめ，σ を動かしたときの辞書 $D(\sigma)$ を全部，一斉に作ることを考える．

すなわち，閉論理式 F を固定したとき，この閉論理式 F が上端の行に出て来る辞書 $D(\sigma)$ 全部にわたって，F より短い閉論理式の列にあるます目には○か×が全部書かれていると仮定して，これらの辞書の中の閉論理式 F の列のます目に○か×を書いて行くのである．こうすると，上で述べた難点はなくなる．

この作業を実行するために必要な準備を少し行なう．

まず，型 $\sigma = \langle I, J, K \rangle$ と K の中に入っていない定数記号 c に対して，K にこの新しい定数記号 c を付加してできる型
$$\langle I, J, K \cup \{c\} \rangle$$
を
$$\sigma(c)$$
と書く．

また，型 σ の数学的構造 $\mathfrak{A}$ に対して，新しい定数記号 c の解釈として $\mathfrak{A}$ の宇宙の元 a を指定してできる $\mathfrak{A}$ の拡張構造を
$$(\mathfrak{A}, a)$$
と書き，$\mathfrak{A}$ の a による"単純拡張"と言う．

すると，$\mathfrak{A}$ の a による単純拡張の型は当然 $\sigma(c)$ である．

次に,項 t と論理式 F に対して,この項や論理式に実際に出て来る関係記号,関数記号,定数記号だけからなる型をそれぞれ

$$\sigma(t), \quad \sigma(F)$$

で表わすことにすると,数学的構造 $\mathfrak{A}$ について,$\sigma(t)$ や $\sigma(F)$ が数学的構造 $\mathfrak{A}$ の型 $\sigma(\mathfrak{A})$ の部分型になれば,項 t と論理式 F の中の関係記号,関数記号,定数記号の解釈がこの $\mathfrak{A}$ の中で全部与えられていることになる.このようなとき,

「項 t や論理式 F は数学的構造 $\mathfrak{A}$ の中で意味を持つ.」

という.

すると,かってに与えられた閉項 t と,この閉項がその中で意味を持つ数学的構造 $\mathfrak{A}$ に対して,$\mathfrak{A}$ の宇宙の元 $\mathfrak{A}(t)$ が次の規則で定められる.

(i) t が個体定数記号 c のとき,$\mathfrak{A}(t)$ は定数 $\mathfrak{A}(c)$ である.
(ii) t が記号列 $f(t_1, t_2, \cdots, t_m)$ で,各 $t_1, t_2, \cdots, t_m$ について $\mathfrak{A}(t_1), \mathfrak{A}(t_2), \cdots, \mathfrak{A}(t_m)$ が既に定義されているとき,$\mathfrak{A}(t)$ は関数 $\mathfrak{A}(f)$ の $\langle \mathfrak{A}(t_1), \mathfrak{A}(t_2), \cdots, \mathfrak{A}(t_m) \rangle$ における値 $\mathfrak{A}(f)(\mathfrak{A}(t_1), \mathfrak{A}(t_2), \cdots, \mathfrak{A}(t_m))$ である.

すると,どんな閉項 t と,どんな数学的構造 $\mathfrak{A}$ に対しても,閉項 t が数学的構造 $\mathfrak{A}$ の中で意味を持ちさえすれば,$\mathfrak{A}(t)$ という $\mathfrak{A}$ の宇宙の元が一意的に定まる.この $\mathfrak{A}(t)$ を

"閉項 t の $\mathfrak{A}$ における解釈"

という.

さらに,上の規則から,閉項 t の $\mathfrak{A}$ における解釈は,記号列 t の中に実際に出て来る関数記号,定数記号の $\mathfrak{A}$ における解釈だけで決まり,t の中に出て来ない関数記号,定数記号の解釈はどうでもよ

いはずである．すなわち，閉項 t の $\mathfrak{A}$ における解釈は，$\mathfrak{A}$ 全体ではなく，閉項 t の中に実際に出て来る関数記号，定数記号の部分に $\mathfrak{A}$ を制限してできる数学的構造 $\mathfrak{A}{\restriction}\sigma(t)$ だけで定まる．このことをきちんと述べると次のようになる．

> **項の解釈の一様性** どんな閉項 t と，閉項 t がその中で意味を持つ（すなわち，$\sigma(t) \subseteq \sigma(\mathfrak{A})$ となる）どんな数学的構造 $\mathfrak{A}$ に対しても，閉項 t の $\mathfrak{A}$ における解釈 $\mathfrak{A}(t)$ と，t の $\mathfrak{A}{\restriction}\sigma(t)$ における解釈 $(\mathfrak{A}{\restriction}\sigma(t))(t)$ とは一致する．

したがって，閉項 t がともにその中で意味を持つ2つの数学的構造 $\mathfrak{A}_1, \mathfrak{A}_2$ について，閉項 t の中に実際に出て来る関数記号，定数記号の解釈が全部同じであれば，すなわち

$$\mathfrak{A}_1 {\restriction} \sigma(t) = \mathfrak{A}_2 {\restriction} \sigma(t)$$

が成り立つならば，

$$\mathfrak{A}_1(t) = \mathfrak{A}_2(t)$$

となる．

また，項の解釈に関しては次の事実も重要である．

いま，閉項 t の型 $\sigma(t)$ が，1つの2項関数記号 f と1つの定数記号 c だけからなるとき，すなわち

$$\sigma(t) = \langle \phi, \{f\}, \{c\} \rangle$$

のとき，この f, c と異なる2項関数記号 f' と定数記号 c' を取り，記号列 t の中の f, c をそれぞれ f', c' で一斉に置き換えて得られる記号列を t' とすると，記号列 t' はやはり閉項になり，しかもその型 $\sigma(t')$ は $\langle \phi, \{f'\}, \{c'\} \rangle$ となる．

次に，型 $\sigma(t)$ の数学的構造

$$\mathfrak{A} = \langle |\mathfrak{A}|, \mathfrak{A}(f), \mathfrak{A}(c) \rangle$$

に対して，型 $\sigma'(t)$ の数学的構造

$$\mathfrak{A}' = \langle |\mathfrak{A}'|, \mathfrak{A}'(f'), \mathfrak{A}'(c') \rangle$$

を

$$|\mathfrak{A}'| = |\mathfrak{A}|,$$
$$\mathfrak{A}'(f') = \mathfrak{A}(f),$$
$$\mathfrak{A}'(c') = \mathfrak{A}(c)$$

で定めれば,数学的構造 $\mathfrak{A}'$ は数学的構造 $\mathfrak{A}$ の宇宙,関数,定数の名前を付け変えてできただけの構造であり,本質的には同じ数学的構造である.

したがって,閉項 t の $\mathfrak{A}$ における解釈 $\mathfrak{A}(t)$ と t' の $\mathfrak{A}'$ における解釈 $\mathfrak{A}'(t')$ とは一致するはずである.

このことを一般的に述べるためには,型の間の関係を少し調べる必要がある.

2つの型 $\sigma = \langle I, J, K \rangle$ と $\sigma' = \langle I', J', K' \rangle$ について,I, J, K の中の各関係記号 P,関数記号 f,定数記号 c に対して,I', J', K' のそれぞれの中の関係記号 P',関数記号 f',定数記号 c' を対応させる対応 ψ が過不足のない対応で,しかも,関係記号,関数記号の変数の個数を保存するとき,この対応を

"型 $\sigma = \langle I, J, K \rangle$ から型 $\sigma' = \langle I', J', K' \rangle$ への同型対応"

という.

すなわち,型 $\langle I, J, K \rangle$ から $\langle I', J', K' \rangle$ への同型対応 ψ とは集合 $I \cup J \cup K$ から $I' \cup J' \cup K'$ への<u>1対1,上への写像</u> ψ ある.I, J, K の中の各関係記号 P,関数記号 f,定数記号 c に対して,$\psi(P)$,$\psi(f)$,$\psi(c)$ は I', J', K' の中の関係記号,関数記号,定数記号にそれぞれなり,しかも,P と $\psi(P)$,f と $\psi(f)$ とはそれぞれ同じ変数の個数を持つものである.

型 $\sigma = \langle I, J, K \rangle$ から型 $\sigma' = \langle I', J', K' \rangle$ への同型対応 ψ があると,形式的文法 $L(\sigma)$ の中の項 t や論理式 F の中の各関係記号 P,関

数記号 f, 定数記号 c を一斉に関係記号 $\psi(P)$, 関数記号 $\psi(f)$, 定数記号 $\psi(c)$ でそれぞれ書き換えることにより,形式的文法 $L(\sigma')$ の中の項や論理式ができる.この項や論理式を,項 t, 論理式 F に型の同型対応 ψ による書き換えを施して得られる項,論理式といい
$$\psi(t), \quad \psi(F)$$
で表わす.

同様に,型 σ の数学的構造 $\mathfrak{A}$ に対しても,同じ方法で関係記号,関数記号,定数記号の名前を書き換えることにより,型 σ' の数学的構造 $\psi(\mathfrak{A})$ ができる.

すなわち,数学的構造 $\psi(\mathfrak{A})$ は
$$|\psi(\mathfrak{A})| = |\mathfrak{A}|,$$
$$\psi(\mathfrak{A})(\psi(P)) = \mathfrak{A}(P)$$
$$\psi(\mathfrak{A})(\psi(f)) = \mathfrak{A}(f),$$
$$\psi(\mathfrak{A})(\psi(c)) = \mathfrak{A}(c)$$
で定まる型 σ' の数学的構造である.

すると,上の事実は

項の解釈の不変性 型 σ から型 σ' への同型対応 ψ があるとき,形式的文法 $L(\sigma)$ の中の閉項 t と型 σ の数学的構造 $\mathfrak{A}$ に対して,
$$t \text{ の } \mathfrak{A} \text{ における解釈 } \mathfrak{A}(t)$$
と
$$\psi(t) \text{ の } \psi(\mathfrak{A}) \text{ における解釈 } \psi(\mathfrak{A})(\psi(t))$$
とは常に一致する.

これだけ準備した上で,各 σ に対して辞書 $D(\sigma)$ を次の 2 段階に分けて作って行く.

<u>第一段階</u> すべての辞書 $D(\sigma)$ にわたって，原始閉論理式の列に○か×を書き込む．

<u>第二段階</u> 閉論理式 F に対して，すべての辞書とその辞書の中の F より短い長さ(記号列としての長さ)を持つすべての閉論理式の列には○か×が既に書かれている，という仮定のもとに，閉論理式 F を含むすべての辞書の中のこの閉論理式の列に○か×を書き込む．

まず，原始閉論理式とは2つの閉項 t, s を用いて
$$= \hat{\ } t \hat{\ } s$$
の形になる論理式と，適当な m 項関係記号 P と m 個の閉項 $t_1, t_2, \cdots, t_m$ を用いて
$$P \hat{\ } t_1 \hat{\ } t_2 \hat{\ } \cdots \hat{\ } t_m$$
の形になる論理式であった．

そこで，第一段階は次の2つの場合に分かれる．

<u>場合1</u> 原始閉論理式が $= \hat{\ } t \hat{\ } s$ の形のとき：すべての辞書にわたって，数学的構造 $\mathfrak{A}$ と原始閉論理式 $= \hat{\ } t \hat{\ } s$ とでできるます目
$$[\mathfrak{A}, = \hat{\ } t \hat{\ } s]$$
には，2つの閉項 t, s の数学的構造 $\mathfrak{A}$ におけるそれぞれの解釈 $\mathfrak{A}(t)$, $\mathfrak{A}(s)$ が $\mathfrak{A}$ の宇宙の元として同じ元になれば，○を，違う元になれば×を書く．

<u>場合2</u> 原始閉論理式が $P \hat{\ } t_1 \hat{\ } t_2 \hat{\ } \cdots \hat{\ } t_m$ の形のとき：すべての辞書にわたって，数学的構造 $\mathfrak{A}$ と原始閉論理式 $P \hat{\ } t_1 \hat{\ } t_2 \hat{\ } \cdots \hat{\ } t_m$ とでできるます目
$$[\mathfrak{A}, P \hat{\ } t_1 t_2 \hat{\ } \cdots \hat{\ } t_m]$$
には，m 個の閉項 $t_1, t_2, \cdots, t_m$ の数学的構造 $\mathfrak{A}$ におけるそれぞれの

解釈からなる長さ m の列

$$\langle \mathfrak{A}(t_1), \mathfrak{A}(t_2), \cdots, \mathfrak{A}(t_m) \rangle$$

が，$|\mathfrak{A}|^m$ の部分集合 $\mathfrak{A}(P)$ の中に入るときは○を，そうでないときは×を書く．

これによって，すべての辞書とその中の原始閉論理式の列には○か×が必ず書かれていることになる．

次に，第二段階は，閉論理式 F の形によって，次の場合に分かれる．

<u>場合 3</u>　閉論理式 F が閉論理式 G を用いて $\neg\hat{\ }G$ の形になっているとき，ます目 $[\mathfrak{A}, G]$ に○が書いてある時は×を，×が書いてあるときは○をます目 $[\mathfrak{A}, \neg G]$ に書く．

<u>場合 4</u>　閉論理式 F が閉論理式 G, H を用いて $\wedge\hat{\ }G\hat{\ }H$ の形になっているとき，ます目 $[\mathfrak{A}, G]$ とます目 $[\mathfrak{A}, H]$ の両方に○が書いてあるときは○を，そうでないときは×をます目 $[\mathfrak{A}, \wedge\hat{\ }G\hat{\ }H]$ に書く．

<u>場合 5</u>　閉論理式 F が閉論理式 G, H を用いて $\vee\hat{\ }G\hat{\ }H$ の形になっているとき，ます目 $[\mathfrak{A}, G]$ とます目 $[\mathfrak{A}, H]$ の少なくとも一方に○が書いてあるときは○を，そうでないときは×をます目 $[\mathfrak{A}, \vee\hat{\ }G\hat{\ }H]$ に書く．

<u>場合 6</u>　閉論理式 F が閉論理式 G, H を用いて $\rightarrow\hat{\ }G\hat{\ }H$ の形になっているとき，ます目 $[\mathfrak{A}, G]$ に○が，ます目 $[\mathfrak{A}, H]$ には×が書かれているときには×を，そうでないときは○をます目 $[\mathfrak{A}, \rightarrow\hat{\ }G\hat{\ }H]$ に書く（次頁図参照）．

同図で分かるように，場合 3, 4, 5, 6 においては，辞書 $D(\sigma)$ の中のます目 $[\mathfrak{A}, F]$ に何を書くかは，同じ辞書 $D(\sigma)$ の中の数学的構造 $\mathfrak{A}$ の行だけを眺めればよかった．しかし，次の 2 つの場合には，

	G	H	$\neg G$	$G \wedge H$	$G \vee H$	$G \to H$	
$\mathfrak{A}_1$	○	○	×	○	○	○	
$\mathfrak{A}_2$	○	×	×	×	○	×	
$\mathfrak{A}_3$	×	○	○	×	○	○	
$\mathfrak{A}_4$	×	×	○	×	×	○	

別の辞書 $D(\sigma(c))$ の中の別の数学的構造 $(\mathfrak{A}, a)$ の行を眺める必要がある.

場合 7 閉論理式 F が自由変数 x を持つ論理式 $G(x)$ を用いて $\forall \hat{\ } v \hat{\ } G(x/v)$ の形になっているとき, 辞書 $D(\sigma)$ の中のます目 $[\mathfrak{A}, F]$ には, ○か×を次の規則によって書く.

すなわち, 型 σ の中にない定数記号 c を1つ取り, この定数記号を型 σ に付加してできる新しい型 $\sigma(c)$ を作る.

そして, 辞書 $D(\sigma(c))$ の中で, 数学的構造 $\mathfrak{A}$ の宇宙の元 a による単純拡張 $(\mathfrak{A}, a)$ と閉論理式 $G(c)$ とのます目

$$[(\mathfrak{A}, a), G(c)]$$

には, a を数学的構造 $\mathfrak{A}$ の宇宙の中でどのように動かしても, 常に○が書かれているとき, 辞書 $D(\sigma)$ の中のます目

$$[\mathfrak{A}, \forall \hat{\ } v \hat{\ } G(x/v)]$$

には○を書き, そうでないときは×を書く.

場合 8 閉論理式 F が自由変数 x を持つ論理式 $G(x)$ を用いて $\exists \hat{\ } v \hat{\ } G(x/v)$ の形になっているとき, 辞書 $D(\sigma)$ の中のます目 $[\mathfrak{A}, F]$ には, ○か×を次の規則によって書く.

すなわち, 型 σ の中にない定数記号 c を1つ取り, この定数記号を型 σ に付加してできる新しい型 $\sigma(c)$ を作る.

§4 辞書の数学的構成

そして，辞書 $D(\sigma(c))$ の中で，数学的構造 $\mathfrak{A}$ の宇宙の元 a による単純拡張 $(\mathfrak{A}, a)$ と閉論理式 $G(c)$ とのます目
$$[(\mathfrak{A}, a), G(c)]$$
には，a を数学的構造 $\mathfrak{A}$ の宇宙の中で適当に動かすと，○が書かれているます目が1つでもあれば，辞書 $D(\sigma)$ の中のます目
$$[\mathfrak{A}, \exists\hat{\ }v\hat{\ }G(x/v)]$$
には○を書き，そうでないときは×を書く．

$D(\sigma(c))$

	$G(c)$
$(\mathfrak{A}, a)$	○
$(\mathfrak{A}, b)$	×
$(\mathfrak{A}, e)$	○
⋮	⋮

$D(\sigma)$

	$\forall v G(v)$	$\exists v G(v)$
$\mathfrak{A}$	×	○

この2つの場合，すなわち場合 7, 8 において，新しい定数記号 c の取り方がいろいろありえるが，どのように定数記号 c を選んでも，ます目 $[\mathfrak{A}, \forall\hat{\ }v\hat{\ }G(x/v)]$ やます目 $[\mathfrak{A}, \exists\hat{\ }v\hat{\ }G(x/v)]$ に書くべき記号は一定になる．この事実は，以下で説明する辞書の不変性という性質によって保証されている．

この方法によって，すべての辞書 $D(\sigma)$ とその中のすべてのます目に○か×を書くことができる．

したがって，すべての辞書 $D(\sigma)$ が一斉に完成したことになる．すると，項の解釈の一様性，不変性と同じ性質が辞書 $D(\sigma)$ に対しても成り立つ．

すなわち，辞書 $D(\sigma)$ の中のます目 $[\mathfrak{A}, F]$ に何が書かれるかは，

記号列 F の中に実際に出て来る関係記号,関数記号,定数記号の $\mathfrak{A}$ における解釈だけで決まり,F の中に出て来ない関係記号,関数記号,定数記号の解釈はどうでもよいはずである.したがって,ます目 $[\mathfrak{A}, F]$ に書かれる記号は,$\mathfrak{A}$ 全体ではなく,閉論理式 F の中に実際に出て来る関係記号,関数記号,定数記号の部分に $\mathfrak{A}$ を制限してできる数学的構造 $\mathfrak{A} \upharpoonright \sigma(F)$ だけで定まる.このことをきちんと述べると次のようになる.

> **辞書 $D(\sigma)$ の σ に関する一様性** どんな閉論理式 F と閉論理式 F がその中で意味を持つ(すなわち,$\sigma(F) \subseteq \sigma(\mathfrak{A})$ となる)どんな数学的構造 $\mathfrak{A}$ に対しても,辞書 $D(\sigma(\mathfrak{A}))$ の中のます目
> $$[\mathfrak{A}, F]$$
> に書かれている記号と,辞書 $D(\sigma(F))$ の中のます目
> $$[\mathfrak{A} \upharpoonright \sigma(F), F]$$
> に書かれている記号は同じになる.

したがって,閉論理式 F がともにその中で意味を持つ 2 つの数学的構造 $\mathfrak{A}_1, \mathfrak{A}_2$ について,閉論理式 F の中に実際に出て来る関係記号,関数記号,定数記号の解釈が全部同じならば,すなわち

$$\mathfrak{A}_1 \upharpoonright \sigma(F) = \mathfrak{A}_2 \upharpoonright \sigma(F)$$

が成り立つならば,辞書 $D(\sigma(\mathfrak{A}_1))$ の中のます目 $[\mathfrak{A}_1, F]$ と辞書 $D(\sigma(\mathfrak{A}_2))$ の中のます目 $[\mathfrak{A}_2, F]$ には常に同じ記号が書かれている.

この事実をやや荒っぽく表現すると,

「どんな型 σ_1, σ_2 についても,2 つの辞書 $D(\sigma_1)$ と $D(\sigma_2)$ はその共通部分では同じになっている.」

となる.この意味で,辞書 $D(\sigma)$ は σ に関して一様なのである.

また,項の場合と同じ様に,不変性の性質もこの辞書 $D(\sigma)$ は

持っている.

> **辞書 $D(\sigma)$ の不変性** 型 σ から型 σ' への同型対応 ϕ について,辞書 $D(\sigma)$ の中のます目
> $$[\mathfrak{A}, F]$$
> に書かれている記号と,辞書 $D(\sigma')$ の中のます目
> $$[\phi(\mathfrak{A}), \phi(F)]$$
> に書かれている記号は常に同じになる.

この不変性を用いると,上の場合 7, 8 における定数記号 c の取り方によらず,

 ます目 $[\mathfrak{A}, \forall\hat{\ }v\hat{\ }G(x/v)]$ やます目 $[\mathfrak{A}, \exists\hat{\ }v\hat{\ }G(x/v)]$

に書くべき記号は一定になることがわかる.というのは,定数記号 c と異なる定数記号 c' を取り,2 つの型 $\sigma(c)$ と $\sigma(c')$ を考えると,型 σ から型 σ' への同型対応 ϕ が

$$\phi(s) = s \quad (s \text{ は } c \text{ 以外の記号})$$
$$\phi(c) = c'$$

で定まるから,この対応のもとでます目
$$[(\mathfrak{A}, a), G(c)]$$
とます目
$$[(\mathfrak{A}, a), G(c')]$$

には同じ記号が書かれている.したがって,定数記号 c, c' のどちらを用いてもます目 $[\mathfrak{A}, \forall\hat{\ }v\hat{\ }G(x/v)]$ やます目 $[\mathfrak{A}, \exists\hat{\ }v\hat{\ }G(x/v)]$ に書かれる記号は同じになる.

ただし,この説明でお分かりいただけるように,辞書 $D(\sigma)$ の不変性を辞書の構成の途中で用いているので,辞書 $D(\sigma)$ の不変性自身の説明(あるいは証明)は,上の辞書の構成と一緒にする必要がある.その証明は論理式の構成に関する帰納法をそのまま使えば

直ちに得られるので，ここでは省略する．

以上から，任意の数学的構造 $\mathfrak{A}$ と，$\mathfrak{A}$ の中で意味を持つ閉論理式 F について，ます目 $[\mathfrak{A}, F]$（正確には情報点 $\mathfrak{A}$ をある範囲で自由に変えて，例えば，$\mathfrak{A}$ を $\mathfrak{A} \upharpoonright \sigma(F)$ に変えて得られるます目）に書かれる記号は，このます目を持つすべての辞書について共通であることになる．

そこで，ます目 $[\mathfrak{A}, F]$ に○が書かれているとき

$$"\mathfrak{A} \vDash F"$$

と書き

「数学的構造 $\mathfrak{A}$ は閉論理式 F の"モデル"である．」
「閉論理式 F は数学的構造 $\mathfrak{A}$ の中で"正しい"．」
「閉論理式 F は数学的構造 $\mathfrak{A}$ の中で"成り立つ"．」

等の読み方をする．

すると，数学的構造と閉論理式との関係

$$"\vDash"$$

が得られる．しかも，この関係は，上の定義からも分かるように，"正しい"と言うことの1つの数学的な表現を与えている．

そこで，この関係を

"充足関係"

といい，充足関係を以上のように数学的に定義することを

"真概念の数学的定義"

という．

すると，辞書の言葉で述べられてきたことを，充足関係の言葉で述べ直すことができる．

例えば，辞書の構成の"場合3"

<u>場合3</u>　閉論理式 F が閉論理式 G を用いて $\neg \hat{\ } G$ の形になって

いるとき，ます目 $[\mathfrak{A}, G]$ に○が書いてある時は×を，×が書いてある時は○をます目 $[\mathfrak{A}, \neg G]$ に書く．

を充足関係の言葉で書くと，

「$\mathfrak{A} \vDash \neg G$ が成り立つことと，$\mathfrak{A} \vDash G$ が成り立たないことは，$\mathfrak{A}$, G の条件として同じである．」

ということになる．これを

$$\mathfrak{A} \vDash \neg G \Leftrightarrow \mathfrak{A} \vDash G \text{ でない}$$

のように書くことにすると，辞書の定義から

(i) $\mathfrak{A} \vDash t = s \Leftrightarrow \mathfrak{A}(t) = \mathfrak{A}(s)$

(ii) $\mathfrak{A} \vDash P(t_1, t_2, \cdots, t_m) \Leftrightarrow \langle \mathfrak{A}(t_1), \mathfrak{A}(t_2), \cdots, \mathfrak{A}(t_m) \rangle$ は $\mathfrak{A}(P)$ に入る．

(iii) $\mathfrak{A} \vDash \neg G \Leftrightarrow \mathfrak{A} \vDash G$ でない

(iv) $\mathfrak{A} \vDash G \wedge H \Leftrightarrow \mathfrak{A} \vDash G$ かつ $\mathfrak{A} \vDash H$

(v) $\mathfrak{A} \vDash G \vee H \Leftrightarrow \mathfrak{A} \vDash G$ または $\mathfrak{A} \vDash H$

(vi) $\mathfrak{A} \vDash G \to H \Leftrightarrow \mathfrak{A} \vDash G$ ならば $\mathfrak{A} \vDash H$

(vii) $\mathfrak{A} \vDash (\forall v) F(x/v) \Leftrightarrow \mathfrak{A}$ の宇宙のすべての元 a について，
$$(\mathfrak{A}, a) \vDash F(c)$$

(viii) $\mathfrak{A} \vDash (\exists v) F(x/v) \Leftrightarrow \mathfrak{A}$ の宇宙のある元 a について，
$$(\mathfrak{A}, a) \vDash F(c)$$

という関係が成り立つことが分かるし，

充足関係の一様性 どんな閉論理式 F と閉論理式 F がその中で意味を持つ（すなわち，$\sigma(F) \subseteq \sigma(\mathfrak{A})$ となる）どんな数学的構造 $\mathfrak{A}$ に対しても，

$$\mathfrak{A} \vDash F \Leftrightarrow \mathfrak{A} \upharpoonright \sigma(F) \vDash F$$

である．

が成り立つ.

したがって, 閉論理式 F がともにその中で意味を持つ 2 つの数学的構造 $\mathfrak{A}_1, \mathfrak{A}_2$ について, 閉論理式 F の中に実際に出て来る関係記号, 関数記号, 定数記号の解釈が全部同じならば, すなわち

$$\mathfrak{A}_1 \upharpoonright \sigma(F) = \mathfrak{A}_2 \upharpoonright \sigma(F)$$

が成り立つならば,

$$\mathfrak{A}_1 \vDash F \Leftrightarrow \mathfrak{A}_2 \vDash F$$

である.

また,

> **充足関係の不変性** 型 σ から型 σ' への同型対応 ψ があるとき,
>
> $$\mathfrak{A} \vDash F \Leftrightarrow \psi(\mathfrak{A}) \vDash \psi(F)$$
>
> である.

という性質も成り立つことが分かる.

§5 古典論理と論理法則

前 § において, 各型 σ に対し, 型 σ の数学的構造の全体 $\mathrm{Mod}(\sigma)$ を情報空間, 型 σ の形式的文法 $L(\sigma)$ の中の閉論理式全体 $F(\sigma)$ をメッセンジャー空間, 辞書 $D(\sigma)$ を辞書とする情報システム

$$\boldsymbol{L}(\sigma) = \langle \mathrm{Mod}(\sigma), F(\sigma), D(\sigma) \rangle$$

を作り, この情報システムを

"型 σ を持つ第一階の形式的言語"

と呼んだ.

この言語は, 数学的にきちんと定式化された情報システムであるから, この言語に関する数学的議論をすることができる.

特に, 情報システムの一般論で取り上げた, いろいろな概念や,

§5 古典論理と論理法則

性質は,この数学的な言語に対しても適用される.

ここから,数学の対象となる論理,理論に関する数学的な理論,すなわち

"形式的論理" と "形式的理論"

の数学的理論を作ることができる.この§では,そのような形式的論理を説明する.

型 σ を持つ第一階の形式的言語

$$L(\sigma) = \langle \mathrm{Mod}(\sigma), F(\sigma), D(\sigma) \rangle$$

の論理とは,この情報システムの有限個のメッセンジャーの間の情報量の大小による関係であった.

この形式的言語の場合,メッセンジャーとは閉論理式であり,閉論理式 F の持つ情報量 $I(F)$ とは,辞書 $D(\sigma)$ において,

"ます目 $[\mathfrak{A}, F]$ に○が書かれている $\mathfrak{A}$ の全体"

であるから,充足関係を用いて表現すれば,

"$\mathfrak{A} \models F$ が成り立つ $\mathfrak{A}$ の全体"

であり,言い換えると

"F のモデルとなる型 σ の数学的構造の全体"

である.

そこで,F のモデルとなる型 σ の数学的構造の全体を

$$\mathrm{Mod}(\sigma, F)$$

で表わすことにすると,閉論理式 F の言語 $L(\sigma)$ における情報量とは $\mathrm{Mod}(\sigma, F)$ のことになる.

したがって,有限個の閉論理式 $F_1, F_2, \cdots, F_n$ と 1 つの閉論理式 G について,

$$\mathrm{Mod}(\sigma, F_1) \cap \mathrm{Mod}(\sigma, F_2) \cap \cdots \cap \mathrm{Mod}(\sigma, F_n) \subseteq \mathrm{Mod}(\sigma, G)$$

のとき,

「$F_1, F_2, \cdots, F_n$ から G が $L(\sigma)$ の中で"論理的に導かれる".」

と呼ばれることになる(第1章の一般論参照).

この関係を
$$F_1, F_2, \cdots, F_n \vDash_\sigma G$$
と書くことにすると,$F_1, F_2, \cdots, F_n \vDash_\sigma G$ となることと,

「閉論理式 $F_1, F_2, \cdots, F_n$ の共通のモデルになる型 σ の数学的構造は全部,閉論理式 G のモデルになる.」

こととは,同じことである.

すると,充足関係の一様性から,
$$\sigma(F_1) \subseteq \sigma',\ \sigma(F_2) \subseteq \sigma',\ \cdots,\ \sigma(F_n) \subseteq \sigma',\ \sigma(G) \subseteq \sigma'$$
となるどんな型 σ' を取っても
$$F_1, F_2, \cdots, F_n \vDash_\sigma G \quad \text{と} \quad F_1, F_2, \cdots, F_n \vDash_{\sigma'} G$$
とは,$F_1, F_2, \cdots, F_n, G$ の条件として同じことになる.

言い替えると,

"形式的言語 $\boldsymbol{L}(\sigma)$ の中で論理的に導かれる"

という閉論理式同士の関係は,個々の型 σ によらず,すべての形式的言語 $\boldsymbol{L}(\sigma)$ に共通の関係であることになる.

そこで,この関係が閉論理式 $F_1, F_2, \cdots, F_n$ と閉論理式 G の間に成り立つことを,単に
$$F_1, F_2, \cdots, F_n \vDash G$$
と書き,この関係を

"古典論理"

と呼ぶ.

したがって,以下では,形式的言語の上の論理を問題にするときは,個々の型 σ を無視し,適当に型 σ を選んだときの形式的言語
$$\boldsymbol{L}(\sigma)$$
を単に
$$\boldsymbol{L}$$

§5 古典論理と論理法則

で表わすことにする.

われわれは,古典論理という関係を有限個の閉論理式の間だけに定義したが,閉論理式の集まり T と閉論理式 F の間にも自然にこの関係を定義することができる(付録2参照).

すなわち,(型 σ の形式的文法 $L(\sigma)$ の中の)閉論理式の集まり T と型 σ の数学的構造 $\mathfrak{A}$ について,$\mathfrak{A}$ が T の中のすべての閉論理式のモデルになるとき

「$\mathfrak{A}$ は閉論理式の集まり T の"モデル"である.」

ということにする.そして,T と閉論理式 F について,

「T のモデルが全部 F のモデルになる」

とき,

「T から F が"論理的に導かれる".」

といい,

$$T \vDash F$$

と書くことにする.すると

$$F_1, F_2, \cdots, F_n \vDash G$$

は

$$\{F_1, F_2, \cdots, F_n\} \vDash G$$

と表わすことができる.

また,T として空集合 $\emptyset$ を取ると

$$\emptyset \vDash F$$

は,すべての数学的構造が閉論理式 F のモデルになることを意味している(付録1参照).すなわち,F は論理的なメッセンジャーになる.

このような閉論理式 F を

"論理的に正しい閉論理式"

と呼び,

$$\vDash F$$

と表示する．すなわち,

$$\phi \vDash F \quad \text{と} \quad \vDash F$$

は F の条件として同じことになる．

ところが，この形式的言語 $\boldsymbol{L}(\sigma)$ では連言，含意という論理的な操作が取れるから，第1章で説明したように，有限個の閉論理式 $F_1, F_2, \cdots, F_n$ と1つの閉論理式 F について

$$F_1, F_2, \cdots, F_n \vDash F$$

は，

「閉論理式 $F_1 \wedge F_2 \wedge \cdots \wedge F_n \to F$ は論理的に正しい.」

ということと同じである．

したがって，次の定理が得られる．

論理式に関する演繹定理 閉論理式 F が有限個の閉論理式 $F_1, F_2, \cdots, F_n$ から論理的に導かれるための必要十分条件は論理式 $F_1 \wedge F_2 \wedge \cdots \wedge F_n \to F$ が論理的に正しくなることである．

すなわち

$$F_1, F_2, \cdots, F_n \vDash F \Leftrightarrow \vDash F_1 \wedge F_2 \wedge \cdots \wedge F_n \to F$$

である．

したがって，各型 σ に対して，型 σ の形式的言語 $\boldsymbol{L}(\sigma)$ の中で論理的に正しい閉論理式の全体を

$$\mathrm{Val}(\sigma)$$

と書き，型 σ を全部動かしたときに，これらの $\mathrm{Val}(\sigma)$ に入っている閉論理式の全体を

$$\mathrm{Val}$$

と書くと，古典論理という閉論理式の間の関係を知るためには，論

§5 古典論理と論理法則

理的に正しい閉論理式の全体 Val が分かればよいことになる.

ここから,

「論理という関係を知るには論理的に正しい閉論理式の全体 Val が分かればよい.」

ということになる.

すなわち,論理式に関する演繹定理から,閉論理式 F が有限個の閉論理式 $F_1, F_2, \cdots, F_n$ から論理的に導かれることを示すのに,

$$F_1 \wedge F_2 \wedge \cdots \wedge F_n \to F$$

の型の閉論理式が論理的に正しいことを示せばよいことになる.

そこで,記号列としてある種の関係にある閉論理式 F と有限個の閉論理式 $F_1, F_2, \cdots, F_n$ の間に

$$F_1, F_2, \cdots, F_n \vDash F$$

という関係が常に成り立つとき,この関係を

"論理法則"

と呼ぶ.

すると,論理法則を得るためには,

$$F_1 \wedge F_2 \wedge \cdots \wedge F_n \to F$$

の形の閉論理式で,論理的に正しいものを求めればよいことになる.

(なお,

$$F_1, F_2, \cdots, F_n \vDash F$$

が成り立つとき,左辺にある論理式 $F_1, F_2, \cdots, F_n$ が全部論理的に正しい論理式になれば,右辺の論理式 F も常に論理的に正しい論理式になる.この事実を論理法則と言う方が適当かもしれない.)

例えば,

"論理式 F から同じ論理式 F が論理的に導かれる"

すなわち

$$F \vDash F$$

という論理法則("同一律"と呼ばれる)は

「$F \to F$ の形の閉論理式がすべて論理的に正しい論理式である.」

という事実に対応している.

このような事実を体系的に集めたものが,世の中に出回っている論理学の教科書であり,その中で取り上げられている

$$F_1 \wedge F_2 \wedge \cdots \wedge F_n \to F$$

の形の閉論理式で,論理的に正しい論理式の例には

(1) $(F \wedge (F \to G)) \to G$

(2) $(\neg F \wedge F) \to G$

(3) $(F \to (\neg H \wedge H)) \to \neg F$

(4) $(\forall v) F(v) \to F(c)$

等がある.

(これらが論理的に正しい論理式になることは,辞書 $D(\sigma)$ の定義からほとんど明らかである.)

そして,論理的に正しい論理式 $(F \wedge (F \to G)) \to G$ に対応する論理法則は,

「論理式 F と $F \to G$ から論理式 G が論理的に導かれる.」

という論理法則になる.この法則を

"三段論法"

という.

また,論理的に正しい論理式 $(\neg F \wedge F) \to G$ に対応する論理法則は,

「論理式 $\neg F \wedge F$ から論理式 G が論理的に導かれる.」

という論理法則になる.この法則を

"矛盾律"

という.この場合,論理式 F と論理式 G の間には何の関係もない

から，

　「$\neg F \wedge F$ の形の論理式からはどんな論理式も論理的に導かれる.」

という事実が得られる．そこで，$\neg F \wedge F$ の形の論理式を矛盾論理式と呼ぶことにすると，この事実から

　「矛盾論理式からはすべての論理式が論理的に導かれる.」

というよく知られた事実が出て来る．

　論理的に正しい論理式 $(F \to (\neg H \wedge H)) \to \neg F$ に対応する論理法則は，

　「論理式 $F \to (\neg H \wedge H)$ から論理式 $\neg F$ が論理的に導かれる.」

という論理法則になる．この法則を

"背理法"

という．すなわち，論理式 F から矛盾が出て来るときは，論理式 F の否定 $\neg F$ が論理的に導かれる（やや不正確な表現！）ということになる．

　論理的に正しい論理式 $(\forall v) F(v) \to F(c)$ に対応する論理法則は

　「論理式 $(\forall v) F(v)$ から論理式 $F(c)$ が論理的に導かれる.」

になる．

　これらの例から分かるように，具体的な論理式が論理的に正しい論理式になるかどうかは，その論理式と呼ばれる記号列の中に，論理記号と呼ばれる記号がどの様に配置されているかだけで決ってしまう．

　これは，個々の閉論理式において，意味のついている記号（言葉）は論理記号だけであり，それ以外の関係記号，関数記号，定数記号は意味なし言葉として用いられている（言い替えると，論理記号の意味だけが一定であり，それ以外の関係記号，関数記号，定数記号の意味は個々の数学的構造に依存して変化する）という事実による

のである.

この意味で,古典論理という閉論理式の間の関係は,論理記号の用い方の規則(論理記号をメッセンジャーの間のどのような論理的な操作とみなすかという)だけで決まる.

ここから,

「論理とは,論理記号の用い方の規則である.」

という主張が生まれる.

なお,演繹定理に関係して,無限個の論理式の集まり T から1つの論理式 F が論理的に導かれるとき,本質的には,T の中の有限個の論理式だけが必要であるという事実が成り立つ.

すなわち,

> **コンパクトネス定理** 閉論理式の集まり T と閉論理式 F について,T から F が論理的に導かれるとき,T の中の適当な有限個の論理式から F が論理的に導かれる. すなわち
> 　$T \vDash F$ ならば $F_1, F_2, \cdots, F_n \vDash F$ が成り立つ適当な T の中の論理式 $F_1, F_2, \cdots, F_n$ が存在する.

この定理は,"論理的に導かれる"という関係がある意味で分かりやすいものであるという,"ゲーデルの完全性定理"(の拡張)を用いるとすぐに証明することができる.しかし,この定理自身はゲーデルの完全性定理とは独立した事実である.

§6 推論法則系と形式的論理の完全性

具体的に1つの記号列が与えられたとき,それが

　項と呼ばれる記号列になるかどうか,

　閉項と呼ばれる記号列になるかどうか,

§6 推論法則系と形式的論理の完全性

論理式と呼ばれる記号列になるかどうか

閉論理式と呼ばれる記号列になるかどうか

といったことは，具体的に判定することができる．

言い替えると，

項の全体が作る記号列の集まり

閉項の全体が作る記号列の集まり

論理式の全体が作る記号列の集まり

閉論理式の全体が作る記号列の集まり

は全部，記号列の集まりとして計算可能になる．

しかし，具体的に与えられた閉論理式が論理的に正しい論理式になるかどうか，具体的には判定できない．

すなわち

> **チャーチの定理** 論理的に正しい閉論理式の全体 Val は計算可能ではない．

という事実がある．

しかし，この集まり Val は計算可能ではないけれども，それに近い性質は持っている．すなわち，適当に旨い計算機を作り，その計算機に閉論理式という記号列を入力として入れると，その閉論理式が論理的に正しい論理式ならばその計算機は停止し，その閉論理式が論理的に正しい論理式でないならばその計算機は永久に停止しないようにできる．

すなわち

> **ゲーデルの完全性定理** 論理的に正しい閉論理式の全体 Val は半計算可能である．

が成り立つ．

一方,"クレイグの補題"と呼ばれる次の結果,すなわち,

> 「記号列の集まり T が半計算可能になるときは,適当に,公理と呼ばれる記号列の計算可能な集まりと,推論法則と呼ばれる,記号列を記号列に具体的に書き直す規則を具体的に指定することにより,その公理と呼ばれる記号列に推論法則と呼ばれる規則を何回か適用することにより得られる記号列の全体が T になるようにすることができる.」

をゲーデルの完全性定理に適用すると,論理的に正しい閉論理式の全体 Val は公理と推論法則を用いて上の意味で具体的に表現できることになる.

このようにして得られた,公理と推論法則による論理の表現が,通常の論理学の教科書に書かれている"論理"である.

しかし,そのような"論理"は,あくまでも,数学的に形式化された論理という関係の1つの形式的な表現なのであって,決して論理そのものではないことに注意していただきたい.

そこで,次に,論理を表現するための公理と推論法則についてやや一般的に説明する.

閉論理式の有限集合 S と閉論理式 F の対 $\langle S, F \rangle$ を

$$\text{"推論法則"}$$

といい,S の中の各閉論理式をこの推論法則の

$$\text{"仮定"}$$

F をこの推論法則の

$$\text{"結論"}$$

という.

例えば,推論法則

$$\langle \{F, F \to G\}, G \rangle$$

において,F と $F \to G$ が仮定,G が結論になる.

§6 推論法則系と形式的論理の完全性

特に，S が空集合になる推論法則およびその結論を
$$\text{"公理"}$$
という．

例えば，空集合 ϕ と閉論理式 F の対
$$\langle \phi, F \rangle$$
は公理と呼ばれる推論法則である．

なお推論法則 $\langle \{F_1, F_2, \cdots, F_n\}, F \rangle$ を，線分の上に仮定
$$F_1, F_2, \cdots, F_n$$
を並べて書き，線分の下に結論を書いて得られる図
$$\frac{F_1, F_2, \cdots, F_n}{F}$$
で表示する．

例えば，推論法則
$$\langle \{F, F \to G\}, G \rangle$$
は
$$\frac{F, F \to G}{G}$$
と，推論法則
$$\langle \phi, F \rangle$$
は
$$\frac{}{F}$$
と表示される．

次に，形式的言語 L の中の推論法則の集まり（推論法則系という）R が与えられるごとに，形式的言語 L の中の記号列を平面的に並べてできる
$$\text{"}R \text{ 証明図"}$$

と呼ばれる図形が定義される．

推論法則系 R に対して，R 証明図は2種類ある．1つは"線形証明図"と呼ばれるものであり，もう1つは"樹状証明図"と呼ばれるものである．

<u>R 線形証明図の定義</u>
形式的言語 $\boldsymbol{L}$ の閉論理式を縦に並べてできる図形

$$F_1$$
$$F_2$$
$$\vdots$$
$$F_n$$

が R 線形証明図であるとは，次の条件が成り立つことである．

（ⅰ） F_1 は R の中の公理の結論である．

（ⅱ） 各 $i\,(1<i\leq n)$ について，$\{F_1, \cdots, F_{i-1}\}$ の部分集合を仮定の集合とし，F_i を結論とする推論法則が R の中にある．

例えば，R が5つの推論法則

$\langle \phi, F \rangle, \langle \phi, G \rangle, \langle \phi, F\to(G\to H) \rangle$

$\langle \{F, F\to(G\to H)\}, G\to H \rangle, \langle \{G, G\to H\}, H \rangle$

からなる推論法則系のとき，5個の閉論理式を縦に並べてできる図形

$$F\to(G\to H)$$
$$F$$
$$G\to H$$
$$G$$
$$H$$

は R 線形証明図である．

§6 推論法則系と形式的論理の完全性

R 樹状証明図の定義

（ⅰ） R の公理の結論を 1 つだけ書いた図形はそれ自身で R 樹状証明図である．

（ⅱ） $F_1, F_2, \cdots, F_n$ が既に R 樹状証明図であることが分かっている図形であり，これらの図形の一番下にある記号列がそれぞれ $F_1, F_2, \cdots, F_n$ でしかも推論法則 $\langle \{F_1, F_2, \cdots, F_n\}, F \rangle$ が R に入るならば図形 $F_1, F_2, \cdots, F_n$ を横に1列に並べてそれらの下に線を引き，その線の下にこの推論法則の結論 F を書いて得られる図形；

$$\frac{F_1, F_2, \cdots, F_n}{F}$$

は R 樹状証明図である．

（ⅲ）上の(ⅰ), (ⅱ)を何回か用いて R 樹状証明図であることが分かる図形以外に R 樹状証明図と呼ばれる図形は存在しない．

例えば，R が上の推論法則系のとき，論理式を樹状に並べた図形

$$\frac{\dfrac{F \quad , \quad F \to (G \to H)}{G \quad , \quad G \to H}}{H}$$

は R 樹状証明図である．

すると，この 2 つの証明図の概念は，本質的には同じものであることが，R 線形証明図に関しては，証明図という閉論理式の列の長さに関する数学的帰納法を，R 樹状証明図に関しては

"証明図の構成に関する帰納法"

を用いると直ちに証明することができる．

> **定理** 形式的言語 L の中の閉論理式 F と推論法則系 R について,F を最後の記号列とする R 線形証明図が存在することと,F を最後の記号列とする R 樹状証明図が存在することとは F の条件として同じになる.

ここで,

$$\frac{F_1, F_2, \cdots, F_n}{F}$$

の形で証明図 F が与えられていて,証明図 $F_1, F_2, \cdots, F_n$ の最後の記号列がそれぞれ $F_1, F_2, \cdots, F_n$ のとき,証明図 F は証明図 $F_1, F_2, \cdots, F_n$ から推論法則 $\langle \{F_1, F_2, \cdots, F_n\}, F \rangle$ を施して得られるということにすると,項や論理式の場合と同様に,証明図の構成に関する帰納法が成り立つ.すなわち,

<u>証明図の構成に関する帰納法</u>　S を次の(i), (ii)を満たす樹状証明図に関する性質とするとき,全ての証明図は性質 S を持つ.

（i）　公理だけからなる証明図は性質 S を持つ.

（ii）　性質 S を持つ証明図 $F_1, F_2, \cdots, F_n$ に推論法則を施して得られる証明図も性質 S を持つ.

そこで,以下で証明図というときは樹状証明図を考えることにする.閉論理式 F を最後に持つ R 証明図が存在するとき,

「F は R の下で証明可能である.」

といい,

$$\vdash_R F$$

と表示する.

このようにして,推論法則系 R を定めるごとに,証明可能とい

§6 推論法則系と形式的論理の完全性

う概念

$$"\vdash_R"$$

が定まる.

すると, 閉論理式に関して

"論理的に正しい"

という性質と

"R の下で証明可能である"

という性質が定義されたことになる.

この2つの性質が同じ性質になるとき, すなわち

$$\vDash F \Leftrightarrow \vdash_R F$$

が成り立つとき

「推論法則系 R は"完全"である.」

という.

すると, 完全な推論法則系はたくさん存在する. 例えば, 論理的に正しい閉論理式の全体を公理とし, それ以外には推論法則が存在しないような R は明らかに完全である.

しかし, このような R は計算可能な集合ではない. (適当に工夫して, 推論法則自身が1つの記号列になるようにすると, R は記号列の集まりになり, R が計算可能であるかないかが議論できる.)

そこで,

「計算可能な R で完全なものが存在するか?」

という問題が生じる.

この問題の肯定的な答えが, もともとのゲーデルの完全性定理である.

実際, 論理学の教科書に書いてあるように推論法則系 R をとると, その R は具体的に与えられているから計算可能であり, しか

も完全になる.

また，推論法則系 R，閉論理式の集まり T，1つの閉論理式 F に対して，T の中の有限個の論理式 $F_1, F_2, \cdots, F_n$ が取れて，閉論理式

$$F_1 \wedge F_2 \wedge \cdots \wedge F_n \to F$$

が R の下で証明可能になるとき，

「F は T から R の下で"証明可能"である.」

といい，

$$T \vdash_R F$$

と書く.

すると，

> **ヘンキンの完全性定理** R が完全な推論法則系のとき，
> 　　　「F が T から R の下で証明可能である.」
> ことと
> 　　　「F は T から論理的に導かれる.」
> とは，F と T の条件として同じである.
> すなわち，
> $$T \vdash_R F \Leftrightarrow T \vDash F$$
> が成り立つ.

ところが，"$\vdash_R$"の定義から

$T \vdash_R F \Leftrightarrow T$ のある有限部分集合 T_0 について，$T_0 \vdash_R F$

が明らかに成り立つ.

この事実とヘンキンの完全性定理から

$T \vDash F \Leftrightarrow T$ のある有限部分集合 T_0 について，$T_0 \vDash F$

が得られる. これがコンパクトネス定理そのものであることは明らかであろう.

§7 形式的理論と完全性

第一階の形式的言語という情報システムの上の論理の話をしたところで、次に、同じ情報システムの理論の話に移るのであるが、形式的論理の場合と異なり、形式的理論を問題にするときには、型 σ を考慮にいれないといけない。というのは、同じ形式的理論（の公理系）を、異なる言語の中で考えると、異なる振舞いをするからである。

いま、型 σ を固定し、
$$\text{形式的言語 } \boldsymbol{L}(\sigma) = \langle \text{Mod}(\sigma), F(\sigma), D(\sigma) \rangle$$
を考える。このとき、第1章の一般論から、数学的構造の集まり W に対して

"W の中のすべての数学的構造の中で正しくなる閉論理式の全体"

を
$$\text{Th} W$$
で表わし、

"数学的構造の集まり W の形式的言語 $\boldsymbol{L}(\sigma)$ における理論"

という。

すると、この定義から、W の中のすべての数学的構造は $\text{Th} W$ のモデルになる。

特に、W が1つの数学的構造 $\mathfrak{A}$ だけからなる集合 $\{\mathfrak{A}\}$ のとき
$$\text{Th}\{\mathfrak{A}\}$$
を
$$\text{Th}\mathfrak{A}$$
と書き、

"数学的構造 $\mathfrak{A}$ の理論"

という。

すると、$\mathfrak{A}$ は $\text{Th}\mathfrak{A}$ のモデルである。

そこで，数学的構造の適当な集まり W の形式的言語 $L(\sigma)$ における理論 ThW の形で表わせる閉論理式の集合を形式的言語 $L(\sigma)$ の上の

"形式的理論"

という．

例えば，Th$\mathfrak{A}$ は1つの形式的理論である．

また，W として型 σ の数学的構造全体 Mod(σ) をとると，
$$\mathrm{Val}(\sigma) = \mathrm{ThMod}(\sigma)$$
が得られるから，論理的に正しい閉論理式の全体は1つの形式的理論を作る．

この理論は，型 σ の数学的構造の理論全体の共通部分になっているから，

"Val(σ) は $L(\sigma)$ の中で最も弱い理論"

ということになる．

逆に，最も強い理論とは，W として空集合 $\emptyset$ をとって得られる理論，すなわち(付録1より)閉論理式全体 $F(\sigma)$ である．

この形式的理論 $F(\sigma)$ を

"矛盾した形式的理論"

と呼び，$F(\sigma)$ 以外の理論を

"無矛盾な形式的理論"

と呼ぶことにすると，Th$\mathfrak{A}$ は無矛盾な形式的理論である．

そこで，無矛盾な形式的理論を閉論理式の集合としての大きさの順に並べると，それより大きい無矛盾な形式的理論が存在しない無矛盾な形式的理論が出て来る．

そのような形式的理論，すなわち，形式的言語 $L(\sigma)$ の上の無矛盾な形式的理論で，それよりも大きい無矛盾な形式的理論が存在しないような形式的理論を

"形式的言語 $L(\sigma)$ の上の完全な形式的理論"

という.

すると,完全な形式的理論を特徴づける次の定理が成り立つ(証明は付録3).

> **完全な形式的理論の特徴づけ定理** 形式的言語 $L(\sigma)$ において,無矛盾な形式的理論 T に関する次の3つの条件 (a), (b), (c) は同じ条件である.
> (a) T は完全である.
> (b) T は,型 σ の数学的構造 $\mathfrak{A}$ を適当に取って $\mathrm{Th}\mathfrak{A}$ の形に表わせる.
> (c) どんな閉論理式 F に対しても,F またはその否定のどちらか一方が T に常に入る.

なお,形式的理論 T が形式的言語 $L(\sigma)$ の中で完全でない,すなわち,不完全であるとすると,それ自身もその否定も T の中に入らない閉論理式 F が $L(\sigma)$ の中に存在することになる.

このような閉論理式を形式的理論 T の

"決定不能論理式"

という.

(この「決定不能」は「具体的には決定不能」ということではない.)

すると,

> **ゲーデルの不完全性定理** 形式的言語 $L(\sigma)$ の中の形式的理論 T が,形式的な自然数論をある程度含み,しかもそれ自身が半計算可能である限りは,その形式的理論の決定不能論理式を具体的につくり出す方法がある.

これが，正確な意味での

    "ゲーデルの不完全性定理"(第一不完全性定理)

である．

 形式的理論 T の部分集合 S から T の中の他の閉論理式が全て論理的に導き出せるとき，

      "S を T の公理系"

といい，S の元を

       "T の公理"

という．（推論法則に出てきた公理と混同しないように．）

 形式的言語 $L(\sigma)$ とその中の閉論理式のある集合が与えられれば，その集合を公理系とするその形式的言語の中の形式的理論は一意的に定まってしまう．そこで，形式的言語の中の形式的理論を表示するのに，その公理系を用いることができる．

 実際，形式的理論を表わすのにその形式的言語とその公理系の対で表示することが多い．また，形式的言語 $L(\sigma)$ が固定されているときは，公理系だけで形式的理論を表わす．

 しかし，形式的言語 $L(\sigma)$ の中の形式的理論 T に対して，その公理系となり得る部分集合はたくさんある．

 例えば，T 自身は T の公理系である．T の公理系となり得る T の部分の中には分かり易いものもあれば，分かり難いものもあるであろう．したがって，各形式的理論に対してできるだけ分かりやすい公理系を求めることが問題になる．特に，計算可能な集合が公理系として取れるとき，その形式的理論は

       "公理化可能"

であるといわれるし，半計算可能な集合が公理系として取れるとき，その形式的理論は

       "半公理化可能"

であるといわれる.

一方,前に述べたクレイグの補題によると,半公理化可能な理論は公理化可能になるから,上で述べたゲーデルの不完全性定理は

> **定理** 自然数論がそのなかで展開できる形式的理論で,完全で公理化可能なものはない.

と表現することもできる.

一方,形式的理論 T が記号列の集合として計算可能なとき,T は決定可能であるといわれる.すると,明らかに決定可能な形式的理論は公理化可能になる(T の公理系として T 自身を取ればよい)が,逆は完全性を仮定すれば成り立つ.すなわち,

> **定理** 完全で公理化可能な形式的理論は決定可能である.

である.

今,自然数論の標準モデルと呼ばれる数学的構造

$$\langle \boldsymbol{N}, <, +, \times, 0, 1 \rangle$$

の型を σ とし,形式的言語 $\boldsymbol{L}(\sigma)$ の中の閉論理式でこの数学的構造で成り立つもの全体からなる形式的理論(すなわち,この標準モデルの理論)を取れば,この理論は完全であるが決定可能ではないことになる.というのは,もしこの理論が決定可能だとすると,完全で公理化可能な理論で,しかも,自然数論を含む理論が存在することになり,ゲーデルの不完全性定理に反することになるからである.

以上,前に述べたことを繰り返すと,ゲーデルの不完全性定理が形式的理論に関する定理であるのに対して,ゲーデルの完全性定理は形式的論理に関する定理である.

§8 数学基礎論の世界

構造言語を数学的に再構成すると,形式的言語,形式的論理,形式的理論ができることを説明した.

これらの数学的対象を利用し研究する数学の一部門が

"数学基礎論"

である.

したがって,形式的言語,形式的論理,形式的理論といった数学的対象の利用の仕方,研究の仕方により数学基礎論の研究は次の4つの分野に分かれる.

まず,モデル言語と呼ばれる数学的な言語の中で,数学的構造という集合と,論理式という記号列の間の関係を研究する分野が

"モデルの理論"(Theory of models)

という分野である.("Theory of models"は"Model Theory"とも呼ばれる.この"Model Theory"の訳として"モデル論"という言葉が用いられているようであるが,筆者はこの訳を好まない."Model Theory"を訳す必要があるなら,むしろ"模型論"の方がましであると思っている.)

次に,記号の体系としての形式的論理や形式的理論を,有限言語の中で研究する分野が

"証明論"(Proof Theory)

と呼ばれる分野である.

この2つの分野が直接,形式的言語,形式的論理,形式的理論といった数学的対象を研究対象とし,前者がそれらをモデル言語の中で,後者がそれらを有限言語の中で研究するのに対して,数学基礎論に属する他の2つの分野は,これらの研究を押し進めていくための題材や,手段の研究である.

例えば,『集合』という概念と,『計算可能』という概念は,それ

§8 数学基礎論の世界

自身でモデルの理論や証明論の題材になるばかりでなく，これらの概念が，モデルの理論や証明論の研究を行なう上での基本的な手段を与えてくれる．

したがって，これらの概念の研究(モデルの理論的研究，証明論的研究)は数学基礎論にとって基本的な研究である．

『集合』という概念を研究する数学基礎論の一分野を

"集合論"(Set Theory)

といい，『計算可能』という概念を研究する数学基礎論の一分野を

"回帰関数論"(Recursion Theory)

という．

これが数学基礎論の4分野である．

付　録

1　条件文の真偽と空集合の情報量

この付録では，次の事実の解説と証明を行なう．
(1)　仮定が偽の条件文は正しい．
(2)　空集合はすべての集合の部分集合になる．
(3)　空集合の情報量は情報空間全体になる．

2つの命題 p, q と"ならば"という論理的な言葉から得られる命題

$$\text{"}p \text{ ならば } q\text{"}$$

を，p を"仮定"，q を"結論"とする条件文という．

この条件文の真偽は，その仮定と結論の真偽のみにより一意的に定まる．特に，仮定が偽の条件文は，その結論が真であろうと偽であろうと，常に真になる．

これが上の事実(1)の主張である．

そこで，仮定が偽になる具体的な条件文として，次の2つの条件文を考察する．

　　　"1が4より大きい　ならば　1は2より大きい．"
　　　"3が4より大きい　ならば　3は2より大きい．"

一方，命題とは，概念の組としての情報点 a と述語 $P(x)$ により $P(\ulcorner a \urcorner)$ の形で表わされるものであるから（第3章§8参照），これらの条件文は，適当な述語言語 $S = \langle I, M, D \rangle$ の中の情報点 a と2

つの述語 $P(x), Q(x)$ を用いて

$$\text{"}P(\ulcorner a \urcorner) \quad \text{ならば} \quad Q(\ulcorner a \urcorner)\text{"}$$

と表わされるはずである.

そして,この条件文の真偽は,情報点 a が述語

$$\text{"}P(x) \text{ ならば } Q(x)\text{"}$$

の真理集合に入るかどうかで定まった.

そこで,自然数の全体 N を情報空間とし,メッセンジャー空間 M の中に述語

"x は 4 より大きい."

"x は 2 より大きい."

等が入る述語言語 $\langle N, M, D \rangle$ を取り,上の 2 つの条件文を概念『1』,概念『3』と述語

"x が 4 より大きい ならば x は 2 より大きい."

の組とみなす.

すると,これらの条件文の真偽は,情報点としての概念『1』,概念『3』が述語

"x が 4 より大きい ならば x は 2 より大きい."

の真理集合に入るかどうかで定まる.

ところが,4 より大きい自然数は当然 2 より大きいから,この述語は明らかに,論理的なメッセンジャーであり,その真理集合は情報空間全体,すなわち,N である.

したがって,述語

"x が 4 より大きい ならば x は 2 より大きい."

と自然数 m からできる条件文

"m が 4 より大きい ならば m は 2 より大きい."

は常に正しい条件文になる.

特に,m として 1, 3 を取ると,2 つの条件文

"1が4より大きい　ならば　1は2より大きい."
"3が4より大きい　ならば　3は2より大きい."
はともに正しい条件文になることが分かる．

これらの条件文のうち，最初の条件文は仮定も結論も偽な条件文であり，2番目の条件文は仮定が偽，結論が真の条件文である．

一方，条件文の真偽は，その仮定と結論の真偽だけで定まるから，この事実により，仮定が偽な条件文は常に真になることが証明された．

以上を，やや荒っぽくまとめると，

「4より大きい自然数は2より大きい．」

を正しいと認める以上，述語

「xが4より大きい　ならば　xは2より大きい．」

がすべての自然数xについて正しいことを認めたことになるから，xとして，具体的な自然数1や3を代入した

「1が4より大きい　ならば　1は2より大きい．」
「3が4より大きい　ならば　3は2より大きい．」

が正しくなるのは当然である，ということになる．

次に，事実(1)を用いて事実(2)の証明をする．

情報伝達という観点から眺めると，"空集合"にはいろいろな空集合がある．例えば，自然数を要素(元)とする集合が情報伝達の主題になっているときは，自然数の集合としての"空集合"があるし，人間の集合が情報伝達の主題になっているときは，人間の集合としての"空集合"があり，これらは，情報伝達の立場からは本来別物である．

このことをふまえると，事実(2)は，集合を情報点とする情報空間を持つ述語言語Sの中の命題pとみなすべきであり，その述語

言語 S の取り方をどのようにかえても,この命題 p が常に正しくなるということが,事実(2)の主張である.

そこで,空集合でない集合 I を前もって定め,集合 I の部分集合としての"空集合" $\emptyset$ と I のすべての部分集合 X について
$$\emptyset \subseteq X$$
が成り立つことを示す.

一方,I の 2 つの部分集合 Y, X について
$$Y \subseteq X$$
の定義は,

「I の中のすべての元 x について,

x が Y に入る ならば x は X に入る.」

であるから,
$$\emptyset \subseteq X$$
は

「I の中のすべての元 x について,

x が $\emptyset$ に入る ならば x は X に入る.」

である.

ところが,I の中の個々の元 a について,条件文

「a が $\emptyset$ に入る ならば a は X に入る.」

は仮定が偽の条件文である.

したがって,事実(1)より,この条件文は I の元 a をどのように変えようとも,常に正しい条件文になる.

このことは,

「I の中のすべての元 x について,

x が $\emptyset$ に入る ならば x は X に入る.」

が正しいこと,言い替えると
$$\emptyset \subseteq X$$

が正しいことを示している.

したがって,事実(2)が証明された.

最後に事実(3)の説明と証明を行なう.

1つの完全な情報システム $S=\langle I, M, D\rangle$ を固定する.すると,メッセンジャーの集合 T の S における情報量は次のように定義された.

すなわち,$T=\{p_1, p_2, p_3, \cdots\}$ のとき
$$I_S(p_1) \cap I_S(p_2) \cap I_S(p_3) \cap \cdots$$
を "T の S における情報量" と呼び
$$I_S(T)$$
で表わしたのである.

したがって,T の S における情報量は T に含まれるメッセンジャーが持つ情報量を全部集めたものである.

そこで,問題は,T として空集合(メッセンジャーの集合としての空集合)を取ったときに,その S における情報量がどうなるかということである.

すなわち,
$$I_S(\phi) = ?$$
である.

この問題に答える方法としては,事実(1)を用いて空集合の情報量を直接計算する方法と,T の S における情報量 $I_S(T)$ の定義をかえる方法とがある.

前者の方法は読者に任せて,ここでは後者の方法を採用する.

まず,情報点の集合 X の S における理論 $M_S(X)$ の定義を思い出して頂きたい.

$M_S(X)$ は

"$X \subseteq I_S(p)$ となるメッセンジャー p の全体"

であった.

この定義を真似して, T の S における情報量 $I_S(T)$ を

"$T \subseteq M_S(x)$ となる情報点 x の全体"

と定めると, $T = \{p_1, p_2, p_3, \cdots\}$ のとき

"$\{p_1, p_2, p_3, \cdots\} \subseteq M_S(x)$ となる情報点 x の全体"

は

"$\{p_1\} \subseteq M_S(x)$ となる情報点 x の全体"

"$\{p_2\} \subseteq M_S(x)$ となる情報点 x の全体"

"$\{p_3\} \subseteq M_S(x)$ となる情報点 x の全体"

$$\vdots$$

の共通部分, すなわち

$$I_S(p_1) \cap I_S(p_2) \cap I_S(p_3) \cap \cdots$$

である.

したがって, この新しい情報量の定義と, もともとの定義とは, T が空集合でないときには同じ情報量を与える.

そこで, この新しい定義のもとで, 空集合の S における情報量を計算する.

すると, $I_S(\phi)$ は

"$\phi \subseteq M_S(x)$ となる情報点 x の全体"

となるが, 事実(2)より,

$$\phi \subseteq M_S(x)$$

はすべての情報点 x について成り立つ.

ここから,

$$I_S(\phi) = I$$

が得られる.

これで事実(3)が証明された.

2 理論の特徴づけ定理と相対情報システム

この付録では，理論の特徴づけ定理(第1章§8)の証明を，相対情報システムを導入することにより与える．

完全な情報システム
$$S = \langle I, M, D \rangle$$
を1つ固定する．

すると，メッセンジャー空間 M の中の各メッセンジャー p に対して，その S における情報量
$$I_S(p)$$
は

"p の実例となる情報点 x の全体"

であり，辞書 D において，メッセンジャー p の列を上からみて，○が書かれているます目の一番左に書かれている情報点を全部集めたものが $I_S(p)$ であった．

一方，情報空間 I の中の各情報点 x に対して，その S における理論
$$M_S(x)$$
は

"x を実例とするメッセンジャー p の全体"

であり，辞書 D において，情報点 x の行を左からみて，○が書かれているます目の一番上に書かれているメッセンジャーを全部集めたものが $M_S(x)$ であった．

このように，メッセンジャーの情報量 $I_S(p)$ の概念から

情報点とメッセンジャー

を入れ換えると情報点の理論 $M_S(x)$ の概念が得られる．

これを，言い替えると，同じ辞書を縦の列単位にみると"情報量"が，横の行単位にみると"理論"が得られる．

この意味で, "メッセンジャーの情報量"という概念と, "情報点の理論"という概念は, 互いに"相対的な"概念である.

また, これらの概念を, メッセンジャーの集まり T や情報点の集まり X に一般化すると, メッセンジャーの集まり T の S における情報量 $I_S(T)$ と, 情報点の集まり X の S における理論 $M_S(X)$ が得られる.

この場合,

$I_S(T) = $ "$T \subseteq M_S(x)$ となる情報点 x の全体"

$M_S(X) = $ "$X \subseteq I_S(p)$ となるメッセンジャー p の全体"

となるから,

情報点とメッセンジャー

情報点の理論とメッセンジャーの情報量

の入れ替えの下で, $I_S(T)$ と $M_S(X)$ は対応している.

この意味で, "メッセンジャーの集まりの情報量"という概念と, "情報点の集まりの理論"という概念は, 互いに"相対的な"概念である.

そこで, 以下で, 相対情報システムという概念を導入し, 情報点とメッセンジャーを対称的に取り扱う方法を説明する.

一般に, 情報システムを具体的に作るとき, 情報の送り手と受け取り手との間で, お互いによく分かっているものを分解して得られるモノのうち, どちらを情報点, どちらをメッセンジャーとするかは, その情報システムを用いて情報伝達をおこなう人の立場によって異なる.

というのは, 情報の送り手と受け取り手とで, 互いにやり取りできるのは, メッセンジャーの方であるから, メッセンジャーは両者にとって具体的で扱い易いものでなければならない.

しかし, このような情報伝達の現場を離れれば, 情報点とメッセ

ンジャーは同格のモノとして,互いに対称的に取り扱うことが可能である.

いま,1つの辞書 D に対して,その列と行を全部交換して得られる辞書を,辞書 D の

"転置辞書"

という.(行列のことを御存知の方は,行列の転置行列を思って頂きたい.)

例えば,辞書 D が

	p	q	k
x	○	×	×
y	○	×	○

のとき,その転置辞書は

	x	y
p	○	○
q	×	×
k	×	○

である.

次に,情報システム $S = \langle I, M, D \rangle$ の辞書 D の転置辞書 D' からできる情報システム $S' = \langle M, I, D' \rangle$ を,情報システム S の

"相対情報システム"

という.

いま,情報システム S の相対情報システムを S' とすると,

S の情報点 = S' のメッセンジャー
S のメッセンジャー = S' の情報点
p の S における情報量 = p の S' における理論

$$x \text{ の } S \text{ における理論} = x \text{ の } S' \text{ における情報量}$$
$$T \text{ の } S \text{ における情報量} = T \text{ の } S' \text{ における理論}$$
$$X \text{ の } S \text{ における理論} = X \text{ の } S' \text{ における情報量}$$

という対応が成り立つ.

次に,情報点の集まり X に対し,その理論 $M_S(X)$ を取り,次に,このメッセンジャーの集まり $M_S(X)$ の情報量

$$I_S(M_S(X))$$

を取ると,

　"情報点の集合 X に情報点の集合
　$I_S(M_S(X))$ を対応させる操作"

が得られる.

なお,X がただ1つの情報点 x からなる集合 $\{x\}$ のとき,$I_S(M_S(\{x\}))$ は情報点 x の S における理論 $S(x)$ である.

同様に,メッセンジャーの集まり T に対し,その情報量 $I_S(T)$ を取り,次に,この情報点の集まり $I_S(T)$ の理論

$$M_S(I_S(T))$$

を取ると,

　"メッセンジャーの集合 T にメッセンジャーの集合
　$M_S(I_S(T))$ を対応させる操作"

が得られる.

この場合,メッセンジャーの集まり T について,$M_S(I_S(T))$ は上の定義から (X に $I_S(T)$ を代入する)

　"$I_S(T) \subseteq I_S(p)$ となるメッセンジャー p の全体"

である.

したがって,個々のメッセンジャー p について

　　「p が $M_S(I_S(T))$ に入る.」

ことは,

$$I_S(T) \subseteq I_S(p)$$

が成り立つことと同じである.

すなわち,

$$M_S(I_S(T)) = \text{“}I_S(T) \subseteq I_S(p) \text{ となるメッセンジャー } p \text{ の全体”}$$

という等式が得られる.

これと相対的に

$$I_S(M_S(X)) = \text{“}M_S(X) \subseteq M_S(x) \text{ となる情報点 } x \text{ の全体”}$$

という等式も得られる.

ところが, T と p の関係

$$I_S(T) \subseteq I_S(p)$$

において, T として有限個のメッセンジャー $p_1, p_2, \cdots, p_n$ からなる集合

$$\{p_1, p_2, \cdots, p_n\}$$

を取ると,

$$I_S(\{p_1, p_2, \cdots, p_n\}) = I_S(p_1) \cap I_S(p_2) \cap \cdots \cap I_S(p_n)$$

であるから, 関係

$$I_S(\{p_1, p_2, \cdots, p_n\}) \subseteq I_S(p)$$

は, 関係

$$I_S(p_1) \cap I_S(p_2) \cap \cdots \cap I_S(p_n) \subseteq I_S(p)$$

と同じになる.

これは, "メッセンジャー $p_1, p_2, \cdots, p_n$ からメッセンジャー p が S の中で論理的に導かれる"という関係, すなわち

$$p_1, p_2, \cdots, p_n \vDash_S p$$

そのものである.

ここから, メッセンジャーの集まり T と 1 つのメッセンジャー p の間の関係

$$I_S(T) \subseteq I_S(p)$$

は論理的に導かれるという関係を一般化したものである.

そこで, メッセンジャーの集まり T と1つのメッセンジャー p について

$$I_S(T) \subseteq I_S(p)$$

が成り立つとき,

"T から p が S の中で論理的に導かれる"

といい

$$T \vDash_S p$$

で表わす.

すると, 上で説明したことから

$M_S(I_S(T)) = $ "$T \vDash_S p$ となるメッセンジャー p の全体"

という等式が得られる.

したがって,

$$M_S(I_S(T)) = T$$

となる T は

"$T \vDash_S p$ となるメッセンジャー p の全体" $= T$

となる T であるということになる.

ところが, p が T に入るときは

$$I_S(T) \subseteq I_S(p)$$

が成り立つから, $T \vDash_S p$ が得られる.

ここから,

$T \subseteq$ "$T \vDash_S p$ となるメッセンジャー p の全体"

は常に正しい.

したがって,

$$M_S(I_S(T)) = T$$

となる T とは

"$T \vDash_S p$ となるメッセンジャー p の全体" $\subseteq T$

となる T, すなわち,

「T から論理的に導かれるメッセンジャーはすべて T に入る.」

という性質を持つ T ということになる.

そこで, この性質を持つ T を

"S の中で論理的に閉じている"

ということにすると,

$$M_S(I_S(T)) = T \Leftrightarrow T \text{ は } S \text{ の中で論理的に閉じている}.$$

が成り立つ.

この概念を用いて第1章§8の"理論の特徴づけ定理"を表わすと

理論の特徴づけ定理 完全な情報システム S において, メッセンジャーの集まり T に関する次の3つの条件は同じ条件である.

(i) T は S の上の理論である. すなわち, 情報点の適当な集まり X を取ると, $T = M_S(X)$ となる.

(ii) $M_S(I_S(T)) = T$

(iii) T は S の中で論理的に閉じている.

となる.

この定理を S の相対情報システム S' に翻訳すれば,

$$I_S(M_S(X)) = X$$

という性質を持つ情報点の集まり X を特徴づける定理が得られる.

最後に, 上の理論の特徴づけ定理の証明をしよう.

上の定理で, 条件(ii)と条件(iii)が同じ条件になることは既に証明してあるから, ここで示すべきことは, 条件(i)と条件(ii)が同じ条件になることである.

そこで, 以下では, 情報量と理論を対称的に取り扱いながら, こ

の事実を証明しよう．

まず，$I_S(T)$ と $M_S(X)$ の定義から，

> **単調性補題 1** $T \subseteq T'$ ならば $I_S(T') \subseteq I_S(T)$
> $X \subseteq X'$ ならば $M_S(X') \subseteq M_S(X)$

が成り立つから，これを 2 回用いると

> **単調性補題 2** $T \subseteq T'$ ならば $M_S(I_S(T)) \subseteq M_S(I_S(T'))$
> $X \subseteq X'$ ならば $I_S(M_S(X)) \subseteq I_S(M_S(X'))$

が得られる．

一方，$M_S(I_S(\{p\}))$ は

$$I_S(\{p\}) \subseteq I_S(q)$$

となるメッセンジャー q の全体であるが，q に p を代入して得られる

$$I_S(\{p\}) \subseteq I_S(p)$$

は明らかに成り立つから，

「メッセンジャー p は $M_S(I_S(\{p\}))$ に入る．」

同様に，

「情報点 x は $I_S(M_S(\{x\}))$ に入る．」

ところが，p が T の中にあるとき，$\{p\} \subseteq T$

x が X の中にあるとき，$\{x\} \subseteq X$

が成り立つから，単調性補題 2 より

$$M_S(I_S(\{p\})) \subseteq M_S(I_S(T))$$
$$I_S(M_S(\{x\})) \subseteq I_S(M_S(X))$$

が得られる．これらを結びつけて

> **単調性補題 3** $T \subseteq M_S(I_S(T))$
> $X \subseteq I_S(M_S(X))$

が得られる.

そこで，単調性補題 3 と 1 を用いると

> **単調性補題 4** $I_S(M_S(I_S(T))) \subseteq I_S(T)$
> $M_S(I_S(M_S(X))) \subseteq M_S(X)$

また，単調性補題 3 の T, X に $M_S(X)$, $I_S(T)$ をそれぞれ代入すると

> **単調性補題 5** $I_S(T) \subseteq I_S(M_S(I_S(T)))$
> $M_S(X) \subseteq M_S(I_S(M_S(X)))$

が成り立つ.

単調性補題 4, 5 をあわせると

> **補助定理** $I_S(M_S(I_S(T))) = I_S(T)$
> $M_S(I_S(M_S(X))) = M_S(X)$

が得られる.

したがって，$T = M_S(X')$ の形で表わされるメッセンジャーの集合 T, $X = I_S(T')$ の形で表わされる情報点の集合 X は

$$M_S(I_S(T)) = T, \quad I_S(M_S(X)) = X$$

を満たす.

逆に，$M_S(I_S(T)) = T$, $I_S(M_S(X)) = X$ を満たす T, X は，$X' = I_S(T)$, $T' = M_S(X)$ とおけば

$$T = M_S(X'), \quad X = I_S(T')$$

と表わされる.

付　録3

以上をまとめると

> **定理**　$M_S(I_S(T)) = T \Leftrightarrow T = M_S(X')$ となる X' がある.
> $I_S(M_S(X)) = X \Leftrightarrow X = I_S(T')$ となる T' がある.

となる.

これは，理論の特徴づけ定理の中の条件(i)と条件(ii)が同じ条件になることを示している.

3　完全な理論の特徴づけ定理

この付録では，第1章§8の"完全な理論の特徴づけ定理"の証明を行なう.

証明すべき定理は

> **完全な理論の特徴づけ定理**　否定が自由に取れる完全な情報システム S の上の無矛盾な理論 T に関する次の3つの条件は同じ条件である.
> (i)　T は完全である.
> (ii)　T は1つの情報点の S における理論になる.
> (iii)　T に入らないメッセンジャーの否定は常に T に入る.

であるから，以下では，S は否定が自由に取れる完全な情報システム，T は S の上の無矛盾な理論とする.

すると，無矛盾な理論の定義から，情報点の集まり X で次の2つの条件を満たすものが取れる.

条件1　X は空集合ではない.
条件2　T は S における X の理論である.

まず，理論 T が完全であると仮定する．すなわち，無矛盾な理

論で T より集合として大きい理論は存在しないと仮定する.

いま, 条件1が成り立つから, X の中から1つの情報点 x を取り出すことができる.

すると,
$$\{x\} \subseteq X$$
であるから,
$$T = M_S(X) \subseteq M_S(\{x\}) = M_S(x)$$
となる(付録2単調性補題より).

ここから, $M_S(x)$ は無矛盾な理論で, しかも, 集合として T より大きいか, 等しい理論である.

T は完全な理論であるから, 集合として T より大きい無矛盾な理論は存在しない.

ここから
$$T = M_S(X) = M_S(x)$$
が得られる.

すなわち, 上の定理において, 条件(i)を満たす理論 T は必ず, 条件(ii)を満たすことが分かった.

次に, 理論 T が条件(ii)を満たしていたと仮定する. すると, この仮定から, 1つの情報点 x を取って
$$T = M_S(x)$$
と T を表わすことができる.

そこで, T に入らないメッセンジャー p を取ると, p は T に入らないということは, p が情報点 x の理論 $M_S(x)$ に入らないということであり, これは x が p の実例でないことを意味している.

ところが, S は完全な情報システムで, S では否定が自由に取れるから, p の否定 q を取ると, x は q の実例になる.

したがって, q は x の理論 $M_S(x)$ に入る.

これは，T に入らないメッセンジャーの否定が常に T に入ることを示している．

故に，上の定理において，条件(ii)を満たす理論 T は必ず，条件(iii)を満たすことが分かった．

最後に，無矛盾な理論 T が条件(iii)を満たしていると仮定する．そして，T が完全でないと仮定する．

すると，この仮定から，T より集合として本当に大きい理論 K で，しかも無矛盾な理論がとれる．

K は本当に T より大きいから，K に入り，T に入らないメッセンジャー p が少なくとも1つは取れる．

このメッセンジャー p は T に入らないから，上の条件(iii)より，p の否定 q は T に入る．

ところが，K は T より集合として大きいから，この q は K にも入る．

したがって，無矛盾な理論 K にメッセンジャー p とその否定 q の両方が入ることになる．

すると，
$$\{p, q\} \subseteq K$$
であるから，(付録2 単調性補題より)
$$I_S(K) \subseteq I_S(\{p, q\})$$
となる．

ところが，
$$I_S(\{p, q\}) = I_S(p) \cap I_S(q) = \phi$$
であるから，
$$I_S(K) \subseteq \phi$$
となり，
$$I_S(K) = \phi$$

を得る(付録1参照).

ところが,空集合の理論は M 全体であるから
$$M_S(I_S(K)) = M_S(\phi) = M$$
となる.

一方,理論の特徴づけ定理から
$$M_S(I_S(K)) = K$$
が成り立つ.

この2つをあわせると
$$K = M$$
となり,K は矛盾した理論ということになる.

これは,K が無矛盾であることに反する.

このようなことになったのは,T が完全でないと仮定したからである.したがって,T は完全な理論になる.

故に,上の定理において,条件(iii)を満たす理論 T は必ず,条件(i)を満たすことが分かった.

以上により,上の定理の3条件は,同じ条件であることが分かる.

すなわち,上の定理は証明された.

あとがき

　本書を書き上げる過程における，筆者の個人的な事情について少し書いてみたい．

　駒場の科学史科学哲学の研究室で大森荘蔵先生に論理学の手ほどきを受けて以来，数学基礎論の研究者として生きている現在に至るまで，筆者が抱き続けてきた疑問は

　　　　　「論理とは本当の所，何であろうか．」

というものである．

　論理学の専門家として，論文を書き，講義をしている身には，恥ずかしい限りであるが，これは事実である．

　できあがった論理の体系を説明することや，数学的にきちんと定式化された論理に関する問題を扱うことには，何の抵抗もないのであるが，それらはあくまでの"本当の論理"の表現された姿であり，そのような様々な姿の背後に，"本当の論理"があるはずであると思えてしかたがなかった．

　みえざる"本当の論理"を求めて，筆者の思いはつのる一方であった．

　こんな思いを抱いているあやしげな先生に教わる学生達にはいい迷惑であっただろうが，毎年，論理学の授業を行ないながら，その都度，筆者の授業内容は変化した．

　この状況に変化がみえたのは，J. Barwise の編になる論文集「Model Theoretic Logics」の書評を「科学基礎論研究」に書いた時である．この書評の中で，"論理"に関する評者の意見を述べる必要から，"命題の運ぶ情報"という着想(本書の第3章§8)を得た．

しかし，この着想もそのまま眠って，大きな変化のないままに2年が過ぎてしまった．

その間，情報処理能力に障害のある1人息子のための施設作りに参加し，その施設の完成の目処がたった昨年の12月，"命題を構成している言葉を記号と意味に分離して考えると，情報の送り手には意味つき言葉でも，情報の受け取り手には意味なし言葉にみえる"という見方(本書の第3章の内容に当たる)を得，約150ページ程の原稿を一気に書いてしまった．

その原稿のコピーを何人かの人達に送って意見を求めるとともに，大学の後輩であった岩波書店の佐々木幾太郎氏にもその一部を送った．そのコピーは佐々木氏から荒井秀男氏の手に渡り，本書が岩波書店から出版される契機となった．

しかし，筆者の原稿の評判は芳しくなく，筆者自身もだんだん自信をなくしていった．

そうしているうちに，4月になり，息子の施設入所の日を迎えてしまった．その時，12月の原稿を大幅に書き直して何とか本を書きあげようと決意し，"人間を適当な情報処理機械とみなし，機械の言葉で論理を説明する"というアイディアを用いて書き直しの作業を開始した．

しかし，この方向からの書き直しはなかなか旨くいかず，とうとう挫折してしまった．

この閉塞状況が突然解消したのは，先月末，夏期帰省で在宅していた息子が施設に再びかえる日であった．

その時，筆者は，機械としての人間の心の中で行なわれる情報処理活動も，命題を媒体とする情報伝達活動も，同じ現象の異なる姿であるという視点を得た．

この視点にたって作られた概念が，"情報システム"であり，情

あとがき

報システムの概念を得ることにより，本書の骨格が完成した．

このように，本書は，まず，第4章から完成し(例えば，岩波の「数学」に載った筆者による論説「真概念の数学的定義とモデルの理論」を見られたい)，ついで，昨年末に第3章の内容が，今年の5月に第2章の内容が，そして，最後に先月，第1章の内容が完成したのである．

この経過から明らかなように，筆者の論理観は大きく変化してきたので，今後も変化しないという保証はない．しかし，この本で書かれた筆者の論理観はある程度安定したものに思える．それで，本書を世に出す気になったのである．

本書を書き上げる過程で，多くの方々の励ましや御批判に助けられた．特に，筆者が落胆している時に励ましてくださった竹内外史先生，筆者の突飛な意見にいつも興味を持ってくださった藤村龍雄氏には心から感謝したい．

また，筆者に論理学の手ほどきをしてくださった大森荘蔵先生，前原昭二先生，本書出版の労をとってくださった岩波書店の佐々木幾太郎氏，荒井秀男氏にも心から感謝する．

　昭和63年9月23日
　　　45歳を目前にして

　　　　　　　　　　　　　　本　橋　信　義

索　引

ローマ数字は章，アラビア数字は節を示す．

あ 行

一様性(項の解釈の―)　IV-4
一様性(辞書 $D(\sigma)$ の―)　IV-4
一様性(充足関係の―)　IV-4
意味(言葉の―)　III-2
意味構造　II-4
宇宙(意味構造の―)　II-4
宇宙(辞書データの―)　II-4
宇宙(数学的構造の―) $|\mathfrak{A}|$　IV-3
演繹定理(集合に関する―)　I-9
演繹定理(メッセンジャーに関する―)　I-9
演繹定理(論理式に関する―)　IV-5
同じ(情報システムの表現能力が―)　I-5
同じ構造を持つ(2つの複合言語が―)　III-7
思い　II-1
思う　II-1

か 行

回帰関数論　IV-8
解釈(関係記号 P の数学的構造 $\mathfrak{A}$ による―) $\mathfrak{A}(P)$　IV-3
解釈(関数記号 f の数学的構造 $\mathfrak{A}$ による―) $\mathfrak{A}(f)$　IV-3
解釈(定数記号 c の数学的構造 $\mathfrak{A}$ による―) $\mathfrak{A}(c)$　IV-3
解釈(閉項 t の $\mathfrak{A}$ における―) $\mathfrak{A}(t)$　IV-4
核(概念地図の―)　II-5
拡大(数学的構造の―) $\mathfrak{A} \subseteq \mathfrak{A}'$　IV-3
拡張(型の―)　IV-1
拡張(情報システムの―)　I-3
拡張(一文法)　IV-1
拡張(数学的構造の―) $\mathfrak{A}' \upharpoonright \sigma$　IV-3
拡張(単純―) $(\mathfrak{A}, a)$　IV-4
型 $\langle I, J, K \rangle$　IV-1
型(項の―) $\sigma(t)$　IV-4
型(数学的構造の―) $\sigma(\mathfrak{A})$　IV-3
型(論理式の―) $\sigma(F)$　IV-4
仮定(推論法則の―)　IV-6
関係(U 上の n 項―)　IV-3
関係(U 上の n 変数の―)　IV-3
関数(U 上の n 項―)　IV-3
関数(U 上の n 変数の―)　IV-3
完全(形式的理論が―)　IV-7
完全(形式的論理が―)　IV-6
完全(情報システムが―)　I-3
完全(推論法則系が―)　IV-6

索　引

完全(理論が―)　　I-8, III-10
完全(論理が―)　　I-8, III-10
完全な理論の特徴づけ定理　　I-8, III-10, IV-7, 付-3
完全分解(辞書データの―)　　II-4
完全分解(完全概念式の―)　　III-3
完全分解(命題の―)　　III-3
外延(概念の―)　　II-3
概念　　II-3
概念化　　II-5
概念式　　III-3
概念式(完全―)　　III-3
概念地図　　II-5
合併集合 $X \cup Y$　　I-3
含意(メッセンジャーの―)　→　I-9
含意集合 $X \rightarrow Y$　　I-9
記号　　III-1
記号(n 変数の関係―, n 項関係―)　　IV-1
記号(n 変数の関数―, n 項関数―)　　IV-1
記号(関係―)　　IV-1
記号(関数―)　　IV-1
記号(個体定数―)　　IV-1
記号(自由変数―)　　IV-1
記号(束縛変数―)　　IV-1
記号(メタ―)　　IV-1
記号(論理―)　　IV-1
記号化(概念の―)　　III-2
記号化(辞書データの―)　　III-3
記号化(内部言語の―)　　III-3
記号化(内部構造言語の―)　　III-3

規則(記号の―)　　IV-1
規則(記号列の―)　　IV-1
帰納法(構成に関する―)　　IV-2
帰納法(項の構成に関する―)　　IV-2
帰納法(証明図の構成に関する―)　　IV-6
帰納法(論理式の構成に関する―)　　IV-2
共通言葉　　III-7
共通集合 $X \cap Y$　　I-3
空集合 $\emptyset$　　I-3
クレイグの補題　　IV-6
詳しさ(辞書の―)　　I-3
計算可能　　III-10
形式的言語(型 σ をもつ第一階の―) $\boldsymbol{L}(\sigma)$　　IV-4
形式的文法　　IV-1
形式的文法(型 σ をもつ第一階の―) $L(\sigma)$　　IV-1
形式的理論　　IV-4
形式的論理　　IV-4
決定可能　　III-10
決定不能(―述語)　　III-10
決定不能(―論理式)　　IV-7
結論(推論法則の―)　　IV-6
ゲーデルの完全性定理　　I-8, III-10, IV-6
ゲーデルの不完全性定理　　I-8, III-10, IV-7
言語　　III-6
言語(外部―)　　III-3
言語(自然数の―)　　III-9
言語(集合の―)　　III-9
言語(内部―)　　II-2
言語(複合―)　　III-3

言語化(内部言語の—)　III-4
項　IV-1
項(閉—)　IV-1
構造言語　III-6
構造言語(外部—)　III-3
構造言語(原始—)　III-4
構造言語(内部—)　II-4
構造言語(複合—)　III-3
構造データ　II-4
構造データ(部分—)　II-4
公理(推論法則としての)　IV-6
公理(理論の—)　I-6, IV-7
公理化(理論の—)　I-6
公理化可能(理論が—)　IV-7
公理系(理論の—)　I-6, IV-7
古典論理　IV-5
言葉　III-2
言葉化(概念の—)　III-2
言葉化(辞書データの—)　III-3
言葉化(概念の組の—)　III-4
言葉化(内部言語の—)　III-3
言葉化(内部構造言語の—)　III-3
コンパクト性定理　IV-5

さ 行

差集合 $X-Y$　I-3
三段論法　IV-5
集合宇宙 $V(X)$　IV-3
集合言語　IV-3
集合言語(X 上の—)　IV-3
集合論　IV-8
縮約(変数の—)　III-5
主題(情報の—)　I-1
証明可能(R の下で—)　$\vdash_R$　IV-6
証明可能(R の下で T から—)　$T \vdash_R$　IV-6
証明図(R —)　IV-6
証明図(R 樹状—)　IV-6
証明図(R 線形—)　IV-6
証明論　IV-8
所属関係　IV-3
真概念の数学的定義　IV-4
真理集合　III-5
辞書　I-3
辞書 $D(\sigma)$　IV-4
辞書データ　II-2
辞書データ(正しい—)　II-2
辞書データ(ねつ造された—)　II-2
辞書データ(間違った—)　II-2
実例　I-3
充足関係 $\vDash$　IV-4
述語　III-3
述語(完全—)　III-3
述語(原始—)　III-6
述語(複合—)　III-6
述語言語　III-6
述語言語(原始—)　III-4
情報　I-1
情報(情報空間上の—)　I-1
情報(真偽の定まった—)　I-1
情報(正しい—)　I-1
情報(間違った—)　I-1
情報(矛盾した—)　I-2
情報(論理的な—)　I-2
情報空間　I-1
情報システム　I-3
情報点　I-1
情報量 $I(p)$　I-1
情報量(空集合の—) $I_S(\phi)$

付-1
情報量(肯定的—) $I_S^+(p)$　I-3
情報量(否定的—) $I_S^-(p)$　I-3
情報量(情報点 x の S における符号つき—) $S(\pm x)$　I-5
情報量(情報点 x の S における符号なし—) $S(x)$　I-7
情報量(符号つきメッセンジャーの—) $I_S(\pm p)$　I-5
情報量(符号つきメッセンジャーの集まりの—) $I_S(T)$　I-5
情報量(符号なしメッセンジャーの—) $I_S(p)$　I-7
情報量(閉論理式の—)　IV-5
情報量(メッセンジャーの集まり T の—) $I_S(T)$　I-7
推論法則　IV-6
推論法則系 R　IV-6
数学基礎論　IV-8
数学的構造(型 σ の—) $\langle U, \mathfrak{A}\rangle$　IV-3
正方形表示(内部言語の—)　II-4
正方形表示(命題の—)　III-3
選言(メッセンジャーの—)　∨　I-9
線分表示(言葉の—)　III-2
線分表示(辞書データの—)　II-4
相対情報システム　付-2

た 行

代入　IV-2
代入定理　IV-2
正しい(F は $\mathfrak{A}$ で—) $\mathfrak{A} \vdash F$　IV-4
チャーチの定理　III-10, IV-6

直積集合 U^n　IV-3
定数(U 上の—)　IV-3
転置辞書　付-2
同一律　IV-5
同型対応(型の間の—)　IV-4
同質性　II-4
等値(—な情報)　I-2
等値(情報システムが—)　I-5
等値(符号つきメッセンジャーが—)　I-6
等値(メッセンジャーが—)　I-7

な 行

内部ブラウン管　II-1
名前(言葉の—)　III-2
生のデータ　II-2
成り立つ(F は $\mathfrak{A}$ で—) $\mathfrak{A} \vdash F$　IV-4

は 行

背理法　IV-5
半計算可能　III-10
半決定可能　III-10
半公理化可能(形式的理論が—)　IV-7
反例　I-3
否定(メッセンジャーの—)　¬　I-7
否定が自由に取れる(—情報システム)　I-7
標準モデル(自然数論の—)　IV-3
不変性(項の解釈の—)　IV-4
不変性(辞書 $D(\sigma)$ の—)　IV-4
不変性(充足関係の—)　IV-4

部分(一型) IV-1
部分(一文法) IV-1
部分構造(数学的構造の一) $\mathfrak{A} \subseteq \mathfrak{A}'$ IV-3
文 IV-1
巾集合 POW(X) IV-3
ヘンキンの完全性定理 IV-6
補集合 X^c I-3

ま 行

ます目 $[x, p]$ I-3
マッチング I-3
見え II-1
矛盾(一した形式的理論) IV-7
矛盾(一した理論) I-8, III-10
矛盾する(情報点とメッセンジャーが一) I-3
矛盾律 IV-5
無矛盾(一な形式的理論) IV-7
無矛盾(一な理論) I-8, III-10
命題 III-3
命題(原始述語言語の中の一) III-4
命題(述語言語の中の原始一) III-6
命題(述語言語の中の複合一) III-6
命題(正しい一) III-3
命題(間違った一) III-3
メッセンジャー I-3
メッセンジャー(符号つき一) $\pm p$ I-5
メッセンジャー(矛盾した一) I-7
メッセンジャー(矛盾した符号つき一) I-6
メッセンジャー(論理的な符号つき一) I-6
メッセンジャー(論理的な一) I-7
メッセンジャー空間 I-3
モデル($\mathfrak{A}$ は F の一) $\mathfrak{A} \models F$ IV-4
モデル(閉論理式の集まりの一) IV-5
モデル言語 IV-4
モデルの理論 IV-4, IV-8

や 行

有限言語 IV-1

ら 行

立方体表示(複合言語の一) III-3
量化(存在一) ∃ III-6
量化(普遍一) ∀ III-6
理論 I-9
理論($\mathfrak{A}$ の形式的一) Th$\mathfrak{A}$ IV-7
理論(X の S における一) $M_S(X)$ I-8
理論(現代的な一) III-7
理論(古典的な一) III-7
理論(自然数の一) III-9
理論(集合の一) III-9
理論(情報点 x の符号付き一) $M_S(\pm x)$ I-5
理論(情報点 x の符号なし一) $M_S(x)$ I-7
理論(数学的構造の集まり W の形式的一) ThW IV-7
理論の特徴づけ定理 I-8, 付-2

連言(メッセンジャーの―)　Ｉ-9

論理(自然数の―)　Ⅲ-9

論理(集合の―)　Ⅲ-9

論理(情報システムの上の―)　Ⅰ-7

論理(情報システムの上の符号つき―)　Ⅰ-6

論理記号　Ⅲ-6

論理語　Ⅲ-6

論理式　Ⅳ-1

論理式(原始―)　Ⅳ-1

論理式(閉―)　Ⅳ-1

論理的な言葉　Ⅲ-6

論理的な操作　Ⅰ-9

論理的に正しい(閉論理式が―)　Ⅳ-5

論理的に閉じている(理論が―)　付-2

論理的に導かれる(符号つきメッセンジャーから符号つきメッセンジャーが―) $r_1, \cdots, r_n \vDash_S r$　Ⅰ-6

論理的に導かれる(閉論理式から閉論理式が―) $F_1, \cdots, F_n \vDash F$　Ⅳ-5

論理的に導かれる(閉論理式の集合から閉論理式が―) $T \vDash F$　Ⅳ-5

論理的に導かれる(メッセンジャーからメッセンジャーが―) $p_1, \cdots, p_n \vDash_S p$　Ⅰ-7

論理的に導かれる(メッセンジャーの集合からメッセンジャーが―) $T \vDash_S P$　付-2

論理の特徴づけ定理　Ⅰ-9

論理法則　Ⅳ-5

■岩波オンデマンドブックス■

現代論理学入門——情報から論理へ

1989年4月27日　第1刷発行
2016年1月13日　オンデマンド版発行

著　者　本橋信義
　　　　もとはしのぶよし

発行者　岡本　厚

発行所　株式会社 岩波書店
　　　　〒101-8002 東京都千代田区一ツ橋2-5-5
　　　　電話案内 03-5210-4000
　　　　http://www.iwanami.co.jp/

印刷／製本・法令印刷

© Nobuyoshi Motohashi 2016
ISBN 978-4-00-730362-3　　Printed in Japan